大同市南郊区
耕地地力评价与利用

石　河　主编

中国农业出版社
北　京

内容简介

本书全面系统地介绍了大同市南郊区耕地地力评价与利用的方法及内容，首次对南郊区耕地资源历史、现状及问题进行了分析、探讨，引用大量调查分析数据对南郊区耕地地力、中低产田地力做了深入细致的分析，揭示了南郊区耕地资源的本质及目前存在的问题，并提出了耕地资源合理改良利用意见。本书可为各级农业科技工作者、各级农业决策者制订农业发展规划，调整农业产业结构，加快绿色、无公害、有机农产品基地建设步伐，保证粮食生产安全，科学施肥，退耕还林还草，建成节水农业、生态农业及实现农业现代化、信息化提供科学依据。

本书共七章。第一章：自然与农业生产概况；第二章：耕地地力调查与质量评价的内容和方法；第三章：耕地土壤属性；第四章：耕地地力评价；第五章：中低产田类型、生产性能及改良利用；第六章：耕地地力评价与测土配方施肥；第七章：耕地地力调查与质量评价的应用研究。

本书适宜土肥科技工作者及从事农业技术推广与农业生产管理的人员阅读。

编写人员名单

主　　编： 石　河

副主编： 石文廷　李　文

编写人员（按姓氏笔画排序）：

王永刚　石　河　石文廷　田　军

史美兰　兰晓庆　刘　宝　纪　红

李　文　李　泉　胡剑波　贾天利

夏鹏程　殷海萍　高龙华　郭延峰

翟小平　翟海鹰

序

农业是国民经济的基础，农业发展是国计民生的大事。为适应我国农业发展的需要，确保粮食安全和增强我国农产品竞争的能力，促进农业结构战略性调整和优质、高产、高效、安全农业的发展，针对当前我国耕地土壤存在的突出问题，2009年在农业部精心组织和部署下，大同市南郊区成为测土配方施肥补贴项目区，根据《测土配方施肥技术规范》积极开展了测土配方施肥工作，同时认真实施了耕地地力调查与评价。在山西省土壤肥料工作站、山西农业大学资源环境学院、大同市土壤肥料工作站、南郊区农业委员会、南郊区土壤肥料工作站广大科技人员的共同努力下，大同市南郊区耕地地力调查与评价工作于2012年完成。通过耕地地力调查与评价工作的开展，工作人员摸清了大同市南郊区耕地地力状况，查清了影响当地农业生产持续发展的主要制约因素，建立了大同市南郊区耕地地力评价体系，提出了大同市南郊区耕地资源合理配置及耕地适宜种植、科学施肥及土壤退化修复的意见和方法，初步构建了大同市南郊区耕地资源信息管理系统。这些成果为全面提高大同市南郊区农业生产水平，实现耕地质量计算机动态监控管理，适时提供辖区内各个耕地基础管理单元土、水、肥、气、热状况及调节措施提供了基础数据平台和管理依据。同时，成果也为各级农业决策者制订农业发展规划，调整农业产业结构，加快无公害、绿色、有机食品基地建设步伐，保证粮食生产安全以及促进农业现代化建设提供了第一手资料和最直接的科学依据，也为今后大面积开展耕地地力调查与评价工作，实施耕地综合生产能力建设，发展旱作节水农业、测土配方施肥及其他农业新技术普及工作提供了技术支撑。

本书系统地介绍了耕地资源评价的方法与内容，应用大量的调查分析资料，分析研究了大同市南郊区耕地资源的利用现状及问题，提出了合理利用的对策和建议。该书集理论指导性和实际应用性为一体，是一本值得推荐的实用技术读物。该书的出版将对大同市南郊区耕地的培肥与保养、耕地资源的合理配置、农业结构调整及提高农业综合生产能力起到积极的促进作用。

王高勇

2018年10月

前言

耕地是人类获取粮食及其他农产品最重要的、不可替代的、不可再生的资源，是人类赖以生存和发展的最基本的物质基础，是农业发展必不可少的根本保障。新中国成立以后，山西省大同市南郊区先后开展了两次土壤普查，为大同市南郊区国土资源的综合利用、施肥制度改革、粮食生产安全做出了重大贡献。近年来，随着农村经济体制的改革及人口、资源、环境与经济发展矛盾的日益突出，农业种植结构，耕作制度，作物品种，产量水平，肥料、农药使用等方面均发生了巨大变化，产生了诸多如耕地数量锐减、土壤退化污染、水土流失等问题。针对这些问题，开展耕地地力评价工作是非常及时、必要和有意义的。特别是对耕地资源合理配置、农业结构调整、保证粮食生产安全、实现农业可持续发展有着非常重要的意义。

大同市南郊区耕地地力评价工作，于2009年1月底开始至2012年12月结束，完成了南郊区10个乡（镇）、190个行政村的35.07万亩耕地的调查与评价任务。3年共采集大田土样5 000个，调查访问了320个农户的农业生产、土壤生产性能、农田施肥水平等情况；认真填写了采样地块登记表和农户调查表，完成了5 000个样品常规化验、1 400个样品中微量元素分析化验、数据分析和收集数据的计算机录入工作；基本查清了南郊区耕地地力、土壤养分、土壤障碍因素状况，划定了大同市南郊区农产品种植区域；建立了较为完善的、可操作性强的、科技含量高的大同市南郊区耕地地力评价体系，并充分应用GIS、GPS技术初步构筑了大同市南郊区耕地资源信息管理系统；提出了大同市南郊区耕地保护、地力培肥、耕地适宜种植、科学施肥及土壤退化修复办法等。本次评价工作收集资料之广泛、调查数据之系统、成果内容之全面是前所未有的。

为了将调查与评价成果尽快应用于农业生产，作者在全面总结大同市南郊区耕地地力评价成果的基础上，引用了大量成果应用实例和第二次土壤普查、土地详查有关资料，编写了《大同市南郊区耕地地力评价与利用》一书。首次比较全面系统地阐述了大同市南郊区耕地资源类型、分布、地力与质量基础、利用状况、改良措施等，并将近年来农业推广工作中的大量成果资料录入其中，从而增加了本书的可读性和可操作性。

在本书编写的过程中，承蒙山西省土壤肥料工作站、山西农业大学资源环境学院、大同市土壤肥料工作站、南郊区农业委员会、南郊区土壤肥料工作站广大技术人员的热忱帮助和支持，特别是南郊区农业委员会、南郊区土壤肥料工作站的工作人员在土样采集、农户调查、土样分析化验、数据库建设等方面做了大量的工作。翟小平主任安排部署了本书的编写，南郊区农业委员会土壤肥料工作站站长李文同志、大同市土壤肥料工作站副站长刘宝同志指导并执笔完成了编写工作。参与野外调查和数据处理的工作人员有翟小平、李泉、刘宝、石河、李文、纪红、史美兰、胡剑波、郜永斌、李肖、陈秀峰、杨明山、夏鹏程、田军等同志。土样分析化验工作由南郊区土壤肥料工作站化验室完成；图形矢量化、土壤养分图、耕地地力等级图、中低产田分布图、数据库和耕地地力评价工作由山西农业大学资源环境学院和山西省土壤肥料工作站完成；野外调查、室内数据汇总、图文资料收集和文字编写工作由南郊区农业委员会、南郊区土壤肥料工作站完成，在此一并致谢。

编　者

2018年10月

目录

第一章　自然与农业生产概况

第一节　自然概况

一、地理位置与行政区划

大同市南郊区位于山西省北部，大同盆地北端，东邻大同区、西接左云县、北依新荣区、南连怀仁县。南郊区东西长 43 千米，南北宽 42 千米，总面积1 050平方千米（157.5 万亩[①]）。境内地貌以平川丘陵为主，地势西北高、东南低。西部、北部为山地、黄土丘陵地，占总面积 55.52%；南部、东南部为平川区，占总面积 44.48%。境内山脉属阴山余支，主要山系野狐岭、雷公山、武周山、马武山、大钟山、七峰山诸山相连，呈东北-西南走向。最高山峰七峰山主峰海拔 1 714.1 米。境内主要河流有御河、十里河，为季节性河流，皆属桑干河体系。地处黄土高原，属大陆性季风气候，四季分明，冬长夏短，无霜期 120 天左右，年平均降水量 395 毫米。地理坐标为北纬 39°53′～40°17′，东经112°53′～113°24′。2014 年，大同市南郊区辖 3 镇 7 乡、190 个行政村，总人口 29.2 万人，10.92 万农户，22 万农业人口，农村总劳动力 14.24 万人，农民人均耕地 1.27 亩。

二、地形地貌

大同市南郊区地势呈西北高，东南低，平均海拔1 250米，西北部为起伏较大的丘陵区，东南部为略有起伏的平川区；地貌形态多样，境内有低山丘陵、断块山地、断隔盆地、熔岩台地等地貌类型。

三、土地资源利用现状

大同市南郊区耕地面积为 35.070 8 万亩，其中，水浇地面积为 14.240 8 万亩、菜地面积为 3.79 万亩、旱地面积为 17.04 万亩；全区园地面积为 0.65 万亩，以果园为主，主要分布在平旺乡、口泉乡；全区林地面积为 23.88 万亩，其中，有林地面积为 9.78 万亩、灌木林地面积为 10.93 万亩、其他林地为 3.17 万亩；全区共有牧草地为 1.14 万亩；全区其他农用地为 8.191 2 万亩，其中，设施农用地为 1.051 2 万亩、农村道路为 2.94 万亩、坑塘水面为 0.49 万亩、农田水利用地为 1.15 万亩、田坎为 2.56 万亩；全区建设用地面

① 亩为非法定计量单位，1 亩＝1/15 公顷。——编者注

积为 40.29 万亩；全区其他用地面积为 48.278 万亩。

四、自然气候

大同市南郊区属大陆性季风气候，四季分明，气温较低，有严寒而无酷暑，干燥多风，雨雪较少，温差大，无霜期短。冬季漫长，长达 190 多天，盛行西北风，寒冷干燥；春季温暖，一般为 70 天左右，气温回升很快，少雨、多风沙，蒸发强烈，春旱严重；夏季温凉短促，仅 40 天左右，盛行东南风，气候温和，雨水集中；秋季凉爽，天气晴朗，平均为 65 天左右，此期间气温迅速下降，经常于 9 月下旬即出现霜冻。年降水量为 380.5～433.3 毫米。

据统计，大同市南郊区全年平均气温为 6.4℃（1980—2010 年）；最高气温出现在 7 月，为 37.7℃；最低气温出现在 1 月，为－29℃。见表 1-1。

表 1-1　各月平均气温（1980—2010 年）

月　份	1 月	2 月	3 月	4 月	5 月	6 月	年平均（℃）
温度（℃）	－15.2.	－8.5	－4.7	12.6	18.7	20.3	6.4
月　份	7 月	8 月	9 月	10 月	11 月	12 月	
温度（℃）	23.5	19.7	14.2	8.5	－3.8	－8.5	

大同市南郊区全年平均积温为 2 994.5℃，≥10℃的活动积温为2 829℃，初终日期分别为 4 月 28 日和 9 月 29 日。全年无霜期为 120 天左右，初霜期一般在 9 月下旬，终霜期一般在 5 月中旬。见表 1-2。

表 1-2　日平均气温稳定通过各界限温度初终期及积温

	≥0℃	≥5℃	≥10℃	≥15℃
初日期（日/月）	21/3	9/4	28/4	25/5
终日期（日/月）	11/11	22/10	29/9	8/9
≥0℃积温	3 699	3 309	2 829	2 141
初终日数	233	199	155	116

大同市南郊区全年平均 5 厘米地温为 5.7℃。最高月平均地温在 7 月，为 23.1℃；最低在 1 月，为－7.7℃。土壤封冻期始自 12 月下旬，解冻期为 5 月中旬，最大冻土深度在 1 米左右。

全年平均蒸发量为2 033毫米，为年降水量的 5 倍。特别是春季 3 月、4 月、5 月这 3 个月，蒸发量为 751 毫米，为同期降水量 48.2 毫米的 6 倍。全年平均相对湿度 52%，月平均最大相对湿度在 8 月，为 74%；最低月平均相对湿度为 5 月，为 37%。全年平均日照时数为2 876小时，年平均风速为 3.2 米/秒。

五、水文地质

大同市南郊区境内共有御河、十里河、口泉河 3 条主要河流，它们分属桑干河的一级、二级支流，全部属海河流域，均为季节性河流，径流历时短，常年流量不多。客观地理位置决定境内地下、地表水资源较为贫乏，全区多年平均水资源总量为9 794万立方米，水资源利用量为 9 747.8 万立方米。其中，地表水水资源量2 854万立方米，利用量为1 314.8万立方米，地下水资源量6 940万立方米，实际开采量为 3 628.2 万立方米。

年均降水量 395 毫米，主要集中在 6 月、7 月、8 月和 9 月，约为 285 毫米，占年降水量的 72%；干旱特别是春旱是本区的主要自然灾害，素有“十年九旱、十年十春旱”之称。年平均气温 6.4℃，无霜期较短，平均只有 120 天左右；冻土层为 1 米，日照充足，光辐射较高，年辐射总量多达2 300焦/平方厘米。

大同市南郊区耕地土壤成土母质类型有黄土质、洪积物、冲积物、花岗片麻岩、冲洪积物。

（1）黄土质：分布在黄土丘陵区，是山地丘陵区土壤的主要母质类型。特点是色淡黄，土层深厚，质地细而均一，垂直节理发育，无层理，石灰含量高，微碱性，粉沙含量在 60%左右。由于地处黄土丘陵区，土体干旱，水土流失严重，大部分为中低产田，是典型的旱作农业区。

（2）洪积物：山地丘陵区耕地土壤的洪积物位于洪积扇，是山洪出峪口后将大量挟带的沙砾、淤泥堆积而成，主要分布在山丘区峪口处等地。特点是泥沙、沙砾混杂，分选性差，层次不明显，且非常混乱，多数耕地有沙砾层；土质偏沙，漏水漏肥，是典型的中低产田。

（3）冲积物：是河流流水冲积搬运在两岸形成的沉积物，分布在桑甘河、十里河两岸的河漫滩及一级阶地上。特点是土层深厚，沙黏适中，沉积层次明显，沙黏交替，部分有黏土层次出现，影响土壤的通透性；在地下水汇集区有盐碱地分布，影响农作物出苗生长。

（4）花岗片麻岩：是指矿物成分与花岗岩相似（主要矿物成分为钾长石、石英、黑云母和少量角闪石），也叫黑云母钾长片麻岩，具有明显的片麻构造的变质岩浆岩。包括 3 种不同类型：区域变质作用形成的碱性长石片麻岩；混合岩化作用形成的花岗质混合片麻岩；与造山运动同时在强应力作用下，由压力结晶作用形成的片麻状花岗岩。

（5）冲洪积物：由河流所搬运的物质在水流流速变缓而沉积的冲积物，与由山洪携带的碎屑洪积物共同组成的沉积物。一般具有复杂的层理结构。

大同市南郊区土壤的主要类型有栗钙土、粗骨土、潮土、风沙土、盐土。其中，栗钙土分布面积最大，约占全区土地总面积 80%以上。全区土壤以栗钙土为主，分布在北部、西部、西南部的黄土丘陵阶地，以基岩风化碎块及坡积黄土为主，属黄土质山地棕褐色沙壤土，土层薄并夹有浅红色黏土及沙壤土；东部和南部是源于山地的河流挟带泥沙形成的冲积平原区，土壤母质系黄土质，沿前裙带多以重沙壤土为主，其下游以轻沙壤土为主。

第二节　农业生产概况

一、农业发展历史

大同市南郊区农业发展史是一个由传统农业向现代农业发展的过程，所谓建设现代农业，就是用先进的物质条件装备农业，用先进的科学技术改造农业，用先进的组织形式经营农业，用先进的管理理念指导农业，以提高农业综合生产能力。与传统农业相比，现代农业的核心是科学化，特征是商品化，方向是集约化，目标是产业化。通过在山西省北部建设南郊现代农业示范区，一是可以通过耕地综合生产能力建设，提高土地投入产出比，改变南郊区农业基础设施相对薄弱的现状，实现农业增产、农民增收的目标；二是可以通过新品种、新技术的应用推广，提高农产品科技含量和市场竞争力，实现优势产业，优质产品，安全生产；三是可以通过规模化、产业化、标准化生产模式的示范推广实现规模效益，提升农业整体水平，从根本上解决农业发展滞后、难以适应工业化和城镇化需要的问题。

规划把南郊现代农业示范区建成大同市高起点、高标准、高质量、高效益，既有现代种植、养殖、加工等功能，又具有地区布局合理、产业化程度高、示范带动作用大的现代农业示范区。

1. 总体思路 南郊现代农业示范区建设是大同市市委、市政府认真贯彻落实科学发展观，努力探索科学发展之路，精心谋划科学发展之举的重大决策部署，也是南郊区现代农业难得的发展机遇。南郊区区委、区政府对此高度重视，区委和区政府主要领导专门就现代农业建设的总体思路、指导思想、发展目标、区域布局、产业重点、建设内容等多次进行调研，初步形成了比较明确的发展思路。简单讲，就是“三大主导产业、三大科技支撑、六项原则、四项措施”。

（1）三大主导产业：畜牧业、蔬菜（设施农业）、经济与生态林业。

（2）三大科技支撑：农业机械化、盐碱地改造与土地整理、节水灌溉工程。

（3）六项原则：以市场为导向，以生产、生活、生态资源为基础，以科技进步为动力，以农牧耦合、产业融合为发展道路，以产业化发展为方向和加强基础设施建设。

（4）四项措施：建立组织领导和推进机制，建立健全政策法规体系，建立投融资机制和建立社会化服务体系。

2. 指导思想 以科学发展观为指导，以市场为导向，以科技为支撑，以效益为核心，以产业化发展为统领，坚定不移地促进农业由二元结构向三元结构过渡。由传统农业向现代农业过渡，大力发展畜牧业、蔬菜业、经济和生态林业三大产业，实施农业机械化、节水灌溉、盐碱地改造和土地整理三大发展突破方向，切实加强农业基础设施建设和生态环境建设，着力抓好产业融合、结构调整、市场拉动、龙头带动、基地联动、项目驱动六大战略工程。走出一条有南郊区特色的现代农业发展之路，开创南郊区农业和农村工作新格局。

3. 建设原则

（1）坚持以市场为导向：充分利用南郊区在大同市的生产、区位、市场优势，有针对性地进行市场定位、产业定位。实施差异化经营、扬长避短，错位发展，人无我有、人有我优、人优我精。一切观念、决策、行为以市场为根本。

（2）坚持以生产、生活、生态资源为基础：充分考虑气候、土地、水源、生物生产、经济社会发展基础等条件，合理配置资源，最大限度发挥资源优势、生物生产优势，最大限度发挥自然、历史、文化遗产优势，使规划、建设、发展切实符合科学发展观要求。

（3）坚持以科技进步为动力：建设现代农业示范区，一切建设项目产业发展都要靠科技，没有科技含量的示范区什么都不是。因此，示范区建设不仅要最终建立在科技支撑上，而且要把新技术引进孵化、辐射带动、创业创新贯彻始终。

（4）坚持农牧耦合、产业融合的发展道路：充分利用晋北地区干旱、半干旱气候特点，发挥土地后备资源充足优势，坚定不移地推进农业由二元结构向三元结构过渡；调整结构，做好农牧耦合、产业融合这篇大文章，使农业内部各子产业、第一产业与第二、第三产业大融合；走以畜牧业、特色农业、生态农业和旅游观光农业为主的资源节约型可持续发展道路。

（5）坚持以产业化发展为方向：大力发展“农”字加工业、龙头企业、新型物流中心，延长产业链，提高附加值；实施名牌战略，培育壮大一批起点高、规模大、带动力强的大型骨干龙头企业；培育新的市场主体，大力培养各类合作经济组织，提高农民的组织化程度。把千家万户农民引领到广阔的商品经济大市场。

（6）强化基础设施建设：根据南郊现代农业示范区的实际，一是要大力加强旱作节水农业建设，坚持不懈地抓好中低产田改造和盐碱地改造，建设高标准基本农田，提高产出，增加高产农田面积；二是完善节水灌溉基础设施，使有限的水资源发挥最大经济效益；三是随着各项产业的发展壮大，各类农业机械必须及时跟进。

4. 发展目标 通过实施畜牧业、蔬菜业、经济和生态林业三大产业发展战略，实施农业机械化、节水灌溉、盐碱地改造和土地整理三大发展战略，实现龙头企业＋基地＋农户、物流中心＋基地＋农户、合作社＋农户的产业化新格局。

依托夏进乳业等龙头企业带动，建成3.3万头奶牛、年产12万吨的鲜奶基地，产量比2009年增长2倍，成为山西省重点、大同市一流的奶业一体化生产示范基地。

依托南京雨润集团南郊综合加工和物流中心，促成当地新兴市场和服务体系建设，建成19.7万只出栏羊、加上禽类年产1.8万吨肉类产品的生产加工基地，比2009年增长2.5倍。

依托雨润集团、华晟果蔬、康圆果蔬、振华批发和一大批中小批发市场，充分利用大同市市场基础，建成以设施农业和保护地为骨干的万亩蔬菜产加销体系。年产各类蔬菜15万吨，与2010年基本持平，成为农业增效、农民增收的稳定基础产业。

粮食产业建设目标重点是抓好玉米生产，玉米作为畜牧业主要用粮，种植面积稳定在16万亩。通过旱作节水、免耕穴灌、聚肥节水新技术应用，使平均单产由现在的250千克提高到500千克。通过调整种植结构，既突出了蔬菜、玉米和饲料作物种植比例，同时依靠成熟技术的推广，也使粮食产量能够稳定在5.2万吨左右。伴随粮食产业的调整和发展，通过坚持不懈的建设和科技攻关，使现有的7.1万亩盐碱地变为高产田；使20万亩旱地全部实现免耕、穴播、穴灌或喷灌，增加有效灌溉面积和高产田面积。确保种植业用地需要，保证规划目标顺利实现。

依托京津风沙源治理、首都水资源环境保护、农业综合开发、退耕还林成果巩固、引黄北干线工程、林业生态建设等国家和省级重点项目，按照“生态优先、产业带动、持续发展”的方针，建立稳定、高效的农业生态区和经济林业区，使现代农业示范产业升级和生态环境改善和谐统一，共同发展。

总之，经过近10年的努力，南郊现代农业示范区建成了主导产业拥有现代生产方式、经营机制、运作模式、组织体系的大产业化格局。示范区总体目标基本实现，畜牧、蔬菜、食用菌等产业达到山西省一流。牧业产值占农业总产值比重达到80%以上，农业科技贡献率在55%以上，农产品加工包装转化率在50%以上，农民组织化程度达到70%以上，农产品商品率达到80%以上；农业机械化配套、灌溉水利用率进一步提高，生态建设、林业建设、道路建设、信息网络建设得到全面提升南郊区已成为大同市独具特色、产业发达、资源优化配置、生态环境改善、可持续发展的新型示范区。

二、农业生产现状

1. 农村经济结构 南郊现代农业示范区农村经济总收入主要来源于农村工业、运输业和商饮业。来自农业的收入（包括种植业、畜牧业、林业、渔业收入）所占比例只有8.4%。发展现代农业，提高农业效益，促进农民增收潜力巨大。2009年示范区农村经济收入结构见表1-3。

表1-3 2009年示范区农村经济收入结构

项　目	种植业	畜牧业	林　业	渔　业	工　业	建筑业	运输业	商饮业	服务业	其　他	合　计
收入（万元）	27 864	92 452	1 429	49	368 881	84 655	381 805	301 063	35 902	156 183	1 450 283
比例（%）	1.92	6.37	0.10	0	25.43	5.84	26.33	20.76	2.48	10.77	100

2. 农作物种植结构 2009年，南郊现代农业示范区农作物以粮食为主，仍然是传统的粮经二元种植结构。其中，粮食作物占72.13%，经济作物占23.73%，其他（饲料玉米）占4.14%。在粮食作物中又以玉米为主，占66%。见表1-4。

表1-4 2009年示范区农作物种植结构分析

项　目	粮　食	油　料	糖　类	药　材	蔬　菜	瓜　果	其　他	合　计
面积（亩）	258 663	21 160	188	170	60 130	3 417	14 856	358 584
比例（%）	72.13	5.90	0.05	0.05	16.77	0.96	4.14	100

2010年，南郊现代农业示范区农作物以粮食为主，仍然是传统的粮经二元种植结构。其中，粮食作物占76.42%，经济作物占19.92%，其他（饲料玉米）占3.66%。在粮食作物中又以玉米为主，占66%。见表1-5。

表1-5 2010年示范区农作物种植结构分析

项　目	粮　食	油　料	糖　类	药　材	蔬　菜	瓜　果	其　他	合　计
面积（亩）	247 790	22 909	529	70	38 110	2 983	11 862	324 253
比例（%）	76.42	7.07	0.16	0.02	11.75	0.92	3.66	100

虽然近年来种植结构不断调整，但是比例变化不大，没有形成粮经饲三元种植结构，经济、饲料作物面积一直较小，调整结构仍然是现代农业发展的重要前提。

3. 畜牧业生产现状　畜牧业生产以奶牛、肉牛、猪、羊、鸡为主（表 1-6），雁门关生态畜牧经济区建设以来，南郊现代农业示范区畜牧业生产呈现了加速发展的势头。奶牛从 2001 年的5 782头，发展到 2009 年的18 217头，增长了 2.15 倍多。目前，本区以奶牛养殖品质高、病害少成为全国重要的奶业主产区，已被列入国家的产业发展规划，也是今后示范区现代农业发展的重点。2009 年示范区肉、蛋、奶产量分别达到 1.15 万吨、1.1 万吨、6.4 万吨。畜牧业收入 9.25 亿元，占农业总收入 12.18 亿元的 75.9%。农民人均畜牧业纯收入 1 210.5 元。

表 1-6　2009 年南郊现代农业示范区畜牧业生产现状

畜禽	年末存栏	全年出栏	能繁母畜
牛（头）	22 355	4 272	11 117
其中奶牛（头）	18 217	—	9 506
猪（头）	63 705	76 237	6 344
羊（只）	130 142	124 524	65 798
鸡（只）	1 026 647	691 303	—

4. 蔬菜、瓜类生产现状　蔬菜、瓜类在农民收入中占有重要的地位。目前，存在着设施种植规模小，露地生产规模化、标准化水平低的现象。2009 年，南郊现代农业示范区蔬菜、瓜类播种面积为63 547亩，蔬菜、瓜类总产量189 820吨。其中，商品量161 518吨，总产值 1.6 亿元，纯收入 1.1 亿元，农民人均蔬菜、瓜类纯收入 426 元。2010 年，南郊现代农业示范区蔬菜、瓜类种植面积和产量有所下降，由于商品菜、瓜价格上涨，农民人均蔬菜、瓜类纯收入不降反升。南郊现代农业示范区蔬菜、瓜类生产情况见表 1-7。

表 1-7　南郊现代农业示范区蔬菜、瓜类生产情况

年份	作物	面积（亩）	产量（吨）	商品量（吨）
2009	蔬菜	60 130	186 403	158 443
	瓜类	3 417	3 417	3 075
	小计	63 547	189 820	161 518
2010	蔬菜	38 110	122 209	103 878
	瓜类	2 983	2 824	2 542
	小计	41 093	125 033	106 419

5. 杂粮生产现状　杂粮生产主要有高粱、谷子、大豆、糜黍，2009 年，小杂粮播种面积61 595亩，占全区粮食播种面积的 23.8%；小杂粮总产量2 883吨，占粮食总产量的 7.1%。从面积、产量、品种上没有明显的区域优势。

6. 干鲜果生产现状 2009 年底，南郊现代农业示范区干鲜果种植面积 403 亩，最大的树种是葡萄，约 221.5 亩，占全区干鲜果种植面积的 55%；示范区果品总产量约3 046吨，葡萄产量2 548吨，占全区果品总产量的 83.7%。果品主要以鲜食为主，有部分葡萄以品牌“玉芝贡”上市，或通过加工生产葡萄酒进入市场。

三、存在问题

分析南郊现代农业示范区农业现状，可以看出在农业发展过程中，还存在着许多制约因素。主要有以下几个方面。

（一）灾害频发与生态污染

1. 气候变化造成的主要灾害

（1）旱灾：干旱频繁出现，成因主要有客观和主观两个方面。在客观上，由于南郊区所处的位置大气环流明显，地形地貌的影响所造成；主观方面是由于植被覆盖度极差，形成大量地表径流，导致水土流失严重，土壤极薄，蓄水保水能力极差，大大降低了农业对自然降水的利用率。

（2）干热风、大风与沙尘暴：主要是加大蒸发、加重干旱程度，其生态因素对农业生产、居民生活的影响面积大。

（3）冰雹：危害农作物的生长发育，经常使农产品受损而减产，主要在南郊区口泉乡、水泊寺乡局部危害严重。

（4）暴雨：南郊区降水较少，降水相对集中在 7 月、8 月、9 月这 3 个月，易形成暴雨，造成农田危害。

（5）低温冷害：危害日光温室内农作物的生长，特别是在早春，极易造成冻害。

（6）大雪：经常有厚雪压塌日光温室和大棚的现象发生。

大同市南郊区境内河川径流和降水量的总体情况是：山区大于平川区，入境水大于区内水；河川径流总量 1.65 亿立方米，入境水占 73.3%。1999 年，全区水资源总量 2.1 亿立方米，其中地下水资源总量 1.08 亿立方米。由于连续多年地下水不断超采，地下水资源得不到休养生息，逐年下降的趋势没有得到有效缓解，多年来形成的地下水降落漏斗不断扩大。

2. 生态污染 大同市南郊区地下水有不同程度、不同类型的污染，总的表现特征是：离子含量有所增加，矿化度、总硬度有所提高，水化学类型已形成了污染型水质系，局部地段已遭到有毒有机物和有毒无机物的污染。

（二）农民增收后劲不足

近年来，通过南郊区人民的共同努力，全区农民收入水平有了较快的增长，但农民增收的长效机制还没有建立起来。从 2005 年起，粮食补贴等政策性因素已经成为基数，靠农产品价格继续上扬拉动的空间有限，农民增收将更多地依赖于农村二三产业的发展，依赖于城镇化进程和农村劳动力转移的加快。农村工业化和城镇化进程未能加速，农业增长方式未能得到根本改变，确保农民收入持续较快增长的难度很大。

（三）产业化水平较低

南郊区农业产业化水平比较低，表现在以下几个方面：一是品牌理念不到位。品牌理念陈旧、意识薄弱，对品牌的创建保护工作缺乏连续性，更没有品牌进入市场的远景规划。二是由于南郊区是“贡献大区、财力小区”，造成资金不足影响创建品牌。品牌在创建保护中需大量长期、中期、短期资金，而本区的龙头企业区域性强，面临资金短缺或是在品牌中投入过少，长期资金投入不足的问题，也就不可能产生好的市场美誉度。三是信息与技术服务不能满足企业发展需要。对农业龙头企业，乃至民营企业，没有构建起市场与企业的桥梁，而是简单地推向市场，任凭他们与那些国内大型企业集团进行市场竞争。四是农产品的“三多三少”：大路产品多，优质产品少；原料产品多，深加工产品少；低档产品多，高档产品少。因此，远远不能适应市民对农产品多样化、优质化、专业化的消费需求。

（四）农业重点不突出

农业发展重点不突出，重点项目少，资金使用分散，“撒胡椒面”现象严重。农业重点项目建设不够好，工作一般化、程序化、形式化问题比较严重，真正拿得出、叫得响、过得硬的东西不多。

（五）基础设施薄弱

南郊区发展现代农业生产最大的制约因素是农业基础设施薄弱。一是水利基础设施不足。可浇地面积较小，仅 18 万亩，不能做到旱涝保收；高效节水农田仅 5 万亩，大部分水浇地仍以大水漫灌为主，水资源浪费严重。二是设施农业基础差。50%以上的水浇地以种植玉米为主，有限水资源未能转化成产业优势。设施农业规模面积小，带动能力弱，与现代高效设施农业发展要求很不适应。三是标准化养殖园区较少。特别是肉羊还是以散养为主，饲养方式没有得到根本转变，集约化效应难以实现。

（六）区域经济支撑力不足

2009 年，财政收入538 420万元，财政支出53 583万元，其中“三农”投资1 328万元。而 2008 年、2007 年的“三农”投资达到1 825万元和2 565万元，3 年来，呈递减趋势。再加上原有的古店北部 5 村、西韩岭南部 5 村，以及鸦儿崖、高山原煤炭村返贫，使全区农村贫困村数量达到全区村庄总数的 30%左右。这些农村基础设施建设投入欠账太多，农村饮水难、行路难、上学难、看病难、社会保障水平低的问题相当突出，“三农”弱势地位始终没有得到根本改变。而且，其他多数农村集体经济相当薄弱，没有能力支撑“一村一品、一乡一业”的产业发展格局。特别是有 1/3 的村是经济“空壳村”，难以支撑现代农业发展。

第三节　耕地利用与保养管理

一、主要耕作方式及影响

大同市南郊区的农作物种植方式为一年一作，蔬菜为一年多作，农田耕作形式主要有深耕、浅耕、中耕、耙耱等。耕作工具有大型机械、犁、锄、耱等。农田耕作方式平川区以机械耕作为主，丘陵区以畜耕步犁为主。秋季一般进行深耕，耕深25～30厘米，秋耕的作用是增加耕作层厚度，打破犁底层，吸收更多的秋雨、春雨。春季结合施肥进行浅耕，耕深20～25厘米。中耕松土在作物生长期间进行，使用的工具是锄；中耕的作用是铲除田间杂草，破除土壤板结，切断土壤毛细管，提高地温，防止土壤水分过度蒸发，并吸收更多的雨水。耙耱在耕地后进行，使用的工具是耙或耱；耙耱的作用是填平犁沟，破除土坷垃，压实土壤，在土壤表层形成2～3厘米细土层，防止土壤水分蒸发。目前有很大一部分耕地不进行秋耕，以春耕施肥为主，即秋免耕，减少了耕作费用，也能保蓄一定的土壤水分，有利于来年的春耕播种。

二、耕地利用现状及效益

大同市南郊区种植作物平川区以玉米、蔬菜为主，丘陵区以马铃薯、谷黍为主。最近几年，丘陵区玉米种植面积逐年扩大。根据上述思路和发展目标，形成三大产业示范区，划分为核心示范区、一般示范区。

1. 核心示范区 为重点工程项目建设聚集区，涉及口泉、西韩岭、平旺、马军营、水泊寺的5个乡80个重点村。由1万栋标准化设施蔬菜示范园区、30个500头以上奶牛标准化养殖园区、60个羊场（园区）和6个大型农产品加工龙头企业、1个农产品物流中心构成。示范种植总规模为7.5万亩，养殖规模20.8万头（不含鸡）。

（1）龙头企业发展区：以南郊为中心的龙头企业聚集区，主要有雨润集团百万头生猪屠宰线、大型商贸物流中心、夏进乳业、华晟果蔬、振华蔬菜批发市场和康圆果蔬批发市场六大龙头企业，涵盖肉、奶、菜三大类产品。

（2）南郊城郊奶牛发展区：南郊平川区主要乡（镇），包括南郊口泉、水泊寺、西韩岭、平旺、马军营5个重点发展乡（镇）。主攻方向是建设规模化、标准化健康养殖园区群，确保三大乳品企业有充足的奶源，建立外销型基地，占领全国乳品市场份额。

（3）山区羊肉发展区：以古店、高山、鸦儿崖、云冈山区半山区为核心区，重点推广舍饲圈养；要合理利用草山草坡资源，采取轮牧、培育、种植饲用灌木等措施，保护生态，发展生产。

（4）平川蔬菜发展区：围绕口泉、水泊寺、西韩岭、平旺、马军营等乡（镇），建设以设施农业为主的蔬菜核心示范区。这里人口稠密，土地、水源、肥料充足，基础设施和生产基础较好。除确保自给外，重点是进入大城区市场，以及南方季节性市场。南郊区区委、区政府规划在西韩岭南部御河西边建设万栋设施蔬菜示范园区，建成后扣除成本，不计人工，预计纯收入为1.27亿元。可为西韩岭全乡农民人均增收4 703元。

2. 一般示范区 涉及南郊区24万亩粮食增产工程，3万亩优质无公害蔬菜。围绕这些产业，示范区将全力加强旱作节水和盐碱地改造等农田水利基本建设，交通道路电力等基础设施建设，农业机械化、信息化和农业生态绿化建设；集中力量打造畜牧业、蔬菜业、生态和经济林产业三大产业链条；做强做大以物流中心、产地批发市场、农村合作经济组织和农民经纪人队伍为一体的市场体系，形成新型产业化业态，提升农民组织化程度；建立健全社会化服务体系，为农业提供全程系列化服务。

玉米饲草产业发展区：包括除蔬菜等经济作物面积之外的南郊大部分平川地区，主要种植玉米、饲料作物、人工种草，根本目的是为畜牧业提供物质基础。丘陵区、新改造增加的盐碱地和旱荒地以种草为主，玉米 16 万亩，饲料作物、饲草面积 6.8 万亩。

3. 种植效益分析　2009 年底，示范区农业总产值 8.24 亿元（农、林、牧、渔、服务业），农业总收入 12.18 亿元（农、林、牧、渔、服务业），农业净收入 4.3 亿元，农民人均纯收入5 960元。2015 年，（按现价计算）种植业产值达 4.61 亿元，养殖业产值达 7.2 亿元，加上林业渔业等，农业总产值共计 12.35 亿元，比 2009 年增长近 50%；农业总收入 18.27 亿元，比 2009 年增长 50%；农业净收入 6.46 亿元，比 2009 年增长 50%；农民人均农业纯收入2 504元，加上工业劳务收入，农民人均纯收入达到8 940元以上，比 2009 年增长近 50%，实现既定目标。

规划实现后，社会效益、生态效益将发生重大变化，人民素质将得到全面提升，农业资源和生产要素配置将更趋优化，小城镇大批涌现，产业化、一体化生产格局基本形成，农业综合生产能力得到极大提高，生态环境和人们的观念发生彻底改变。一个独具特色的现代农业示范区崛起在晋北大地。

三、施肥现状与耕地养分演变

大同市南郊区耕地土壤施肥分为两个阶段，20 世纪五六十年代至七十年代为有机肥投入阶段，农田养分投入以有机肥为主，农作物从农田带走的养分量远远大于施入量，造成土壤养分缺乏，肥力低下，农作物产量低而不稳。据测算，农田养分全部处于亏空状态。20 世纪 70 年代末至今为化肥投入阶段。氮肥、磷肥的大量施用，使农田养分收支除钾以外多数处于盈余状态。2011 年全区施用化肥10 233吨，其中，碳铵3 426吨、磷肥1 867吨、尿素 814 吨、复合肥3 549吨、磷酸二铵 577 吨；使用农药 151 吨。按农作物总播面积计算，全区平均亩施用化肥 29.18 千克。全区粮食平均亩产从 20 世纪 60～70 年代不足 100 千克上升到现在的 270 千克以上，化肥成为支撑农作物产量的重要因素之一。

通过 2003 年耕地质量调查结果与 1984 年土壤普查对应的 460 个农化土样养分含量相比，只有有机质含量有所增加，全氮、有效磷、速效钾含量都有所减少。见表 1-8。

表 1-8　耕地土壤养分含量与 1984 土壤普查相比增减情况统计

项目	有机质（克/千克）	全氮（克/千克）	有效磷（毫克/千克）	速效钾（毫克/千克）
2003 年化验	9.82	0.511	8.81	74
1984 年化验	8.86	0.540	9.56	78
增减值	0.98	−0.029	−0.75	−4
增减率（%）	10.8	−5.4	−7.8	−5.1

当前施肥存在的主要问题：一是化肥使用结构不合理，存在着重化肥、轻有机肥，重氮肥、轻磷肥、忽视钾肥，重大量元素肥料、轻微量元素肥料，重经济作物、轻粮食作物

的现象；二是施肥方法不得当，表施和撒施现象较为普遍，肥料浪费现象严重，氮肥利用率低，与发达国家有很大差距；三是部分作物过量施肥，导致投入增加、效益低下。

四、农田环境质量

农田环境质量的好坏，直接影响农产品的产量和品质。南郊区农田环境质量受工业“三废”污染的程度较大，南郊区区委、区政府要高度重视。耕地污染源或潜在污染源主要有以下几点：

（1）废水：据统计，目前全区废水排放量 185.6 万吨。其中，工业废水 164.6 万吨，在工业废水中符合排放标准的 140.7 万吨；生活医院废水 21 万吨。

（2）废气：目前全区废气年排放量35 457万立方米。其中，生产排放量17 418万立方米。废气中烟尘 2 123.63 吨、二氧化硫 2 321.53 吨、粉尘 143.36 吨。

（3）废渣：目前，全区工业城镇年固体废弃物排放量7 426吨。其中，工业炉渣5 679吨，生活垃圾1 500吨，其他 247 吨。对耕地有污染或潜在污染的主要是城镇生活垃圾。

（4）农用塑料薄膜：2000 年，全区农业用塑料薄膜 678 吨。除少数大棚膜以外，多数是地膜。地膜用完以后绝大部分留在了田间地头和耕地土壤中，造成白色污染。

（5）农药、化肥：2000 年，全区农药用量 55 吨，化肥12 875吨（折纯量）。如果农药、化肥使用不当，容易造成土壤污染。

据 2002 年，山西省农业环境监测站测定，南郊区土壤最大污染物是铬，污染等级为二级，污染水平为警戒线。镉、铅、砷、铜、硝酸盐、六六六、滴滴涕污染等级为一级，污染水平为安全。土壤环境质量符合无公害农产品生产的要求。

五、耕地利用与保养

耕地是人类赖以生存最基本的生产资料，如何利用好耕地，保护好耕地，是关系到国计民生的大事情。随着人口的增长，人们对耕地的依赖程度将越来越高。从 20 世纪 60 年代“农业学大寨”开始，开展了大规模的农田基本建设。依据平川区和丘陵区的各自特点，平川区以农田水利建设为主，丘陵区以坡改梯为主。

平川区是地下水汇集区，地下水埋深浅且丰富，为发展农田灌溉提供了丰富的水源。在南郊区 14.240 8 万亩水浇地中，有 12.25 万亩分布在平川区，占平川区耕地面积的 65%，占全区水浇地面积的 86%。

发展井灌，也使盐碱地得到了良好的改良。通过井灌，降低了地下水位，淋洗了土壤表层的盐分，再加上平田整地，增施农家肥，合理使用化肥，使过去春天白茫茫、夏天水汪汪的盐碱滩变成了平坦的肥沃耕地。重度盐碱地面积由 20 世纪 70 年代的 8 万亩下降到现在的不足 2 万亩。

井灌事业的发展，促进了当地农业的发展，但也造成地下水被大量开采，地下水位急剧下降的严重后果。解决的办法一是合理用水，节约用水，多发展一些管灌防渗灌溉；二是种植一些抗旱的高产作物，扩大地膜覆盖面积；三是在有条件的地方积极发展一些洪灌、河灌事业。

山地丘陵区耕地土地地形起伏大，土体干旱，水土流失严重，是南郊区中低产田集中分布区。山地丘陵区耕地土壤的农田基础设施可分为两大块，即灌溉设施和坡改梯工程。

灌溉设施：在一些山间盆地、沟坪地，也是地下水富积区，主要工程有修筑堤坝、打井、平整地等。堤坝主要修筑在易被洪水冲击的地方，也叫护地坝。打井，是山地丘陵区发展灌溉事业的主要措施，山地丘陵区大的灌溉区有古店镇、云冈乡、高山镇。

在耕地保护方面，南郊区政府严格控制征用占用耕地。确需征用占用的，必须严格按照有关法律、法规的规定办理审批手续。严禁擅自在耕地内建窑、建房、建坟或者挖沙、取土、采石和堆放、排放废弃物。认真搞好村镇规划，村镇建设要集中紧凑、合理布局，尽可能利用荒坡地、废弃地，不占好地。搞好土地的复垦，废弃地、废砖窑、旧公路等尽量改造成耕地。严格做到耕地的占补平衡。

第二章　耕地地力调查与质量评价的内容和方法

根据《耕地地力调查与质量评价技术规程》和《全国测土配方施肥技术规范》（以下简称《规程》和《规范》）的要求，通过肥料效应田间试验、样品采集与制备、田间基本情况调查、土壤与植株测试、肥料配方设计、配方肥料合理使用、效果反馈与评价、数据汇总、报告撰写等内容、方法与操作规程和耕地地力评价方法的工作，进行耕地地力调查和质量评价。本次调查和评价是基于4个方面进行的。一是通过耕地地力调查与评价，合理调整农业结构，满足市场对农产品多样化、优质化的要求及经济发展的需要；二是全面了解耕地质量现状，为无公害农产品、绿色食品、有机食品生产提供科学依据，为人民提供健康安全食品；三是针对耕地土壤的障碍因子，提出中低产田改造、防止土壤退化及修复已污染土壤的意见和措施，提高耕地综合生产能力；四是通过调查，建立全区耕地资源信息管理系统和测土配方施肥专家咨询系统，对耕地质量和测土配方施肥实行计算机网络管理，形成较为完善的测土配方施肥数据库，为农业增产增效、农民增收提供科学决策依据，保证农业可持续发展。

第一节　工作准备

一、组织准备

由山西省农业厅牵头成立测土配方施肥和耕地地力调查领导组、专家组、技术指导组，南郊区成立相应的领导组、办公室、野外调查队和室内资料数据汇总组。

二、物质准备

根据《规程》和《规范》要求，工作人员进行了充分物质准备，先后配备了GPS定位仪、不锈钢土钻、计算机、钢卷尺、100立方厘米环刀、土袋、可封口塑料袋、水样瓶、水样固定剂、化验药品、化验室仪器及调查表格等。并在原来土壤化验室基础上，进行必要补充和维修，为全面调查和室内化验分析做好了充分的物质准备。

三、技术准备

由山西省土壤肥料工作站领导，协同山西农业大学资源环境学院相关专家，大同市土壤肥料工作站及南郊区土壤肥料工作站相关技术人员组成技术指导组，根据《规程》《山西省2005年区域性耕地地力调查与质量评价实施方案》和《规范》，制定了《南郊区测土配方施肥技术规范及耕地地力调查与质量评价技术规程》，并编写了技术培训教材。在采样调查前对采样调查人员进行认真、系统的技术培训。

四、资料准备

按照《规程》和《规范》要求，收集了南郊区行政规划图、地形图、第二次土壤普查成果图、土地利用现状图、农田水利分区图等图件；收集了第二次土壤普查成果资料，基本农田保护区地块基本情况、区划统计资料，大气和水质量污染分布及排污资料，玉米、蔬菜、马铃薯等农作物面积、品种、产量及污染等有关资料，农田水利灌溉区域、面积及地块灌溉保证率，退耕还林规划，肥料、农药使用品种及数量、肥力动态监测等资料。

第二节　室内预研究

一、确定采样点位

（一）布点与采样原则

为了使土壤调查所获取的信息具有一定的典型性和代表性，提高工作效率，节省人力和资金，采样前参考区级土壤图，做好采样点规划设计，确定采样点位。实际采样时严禁随意变更采样点，若有变更须注明理由。在布点和采样时主要遵循了以下原则：一是布点具有广泛的代表性，同时兼顾均匀性。根据土壤类型、土地利用等因素，将采样区域划分为若干个采样单元，每个采样单元的土壤性状要尽可能均匀一致；二是采集的样品具有典型性，能代表其对应的评价单元最明显、最稳定、最典型的特征，尽量避免各种非调查因素的影响；三是所调查农户随机抽取，按照事先所确定的采样地点寻找符合基本采样条件的农户进行，采样在符合要求的同一农户的同一地块内进行。

（二）布点方法

按照《规程》和《规范》，结合南郊区实际，将大田样点密度定为平原区、丘陵区平均每 70 亩为 1 个点位，实际布设大田样点5 000个。一是依据山西省第二次土壤普查土种归属表，把那些图斑面积过小的土种，适当合并至母质类型相同、质地相近、土体构型相似的土种，修改编绘出新的土种图；二是将归并后的土种图和土地利用现状图叠加，形成评价单元；三是根据评价单元的个数及相应面积，在样点总数的控制范围内，初步确定不同评价单元的采样点数；四是在评价单元中，根据图斑大小、种植制度、作物种类、产量水平等因素的不同，确定布点数量和点位，并在图上予以标注；五是不同评价单元的取样数量和点位确定后，按照土种、作物品种、产量水平等因素，分别统计其相应的取样数量。当某一因素点位数过少或过多时，再根据实际情况进行适当调整。

二、确定采样方法

1. 采样时间　在大田作物收获后、秋播作物施肥前进行，按叠加图上确定的调查点位去野外采集样品。通过向农民实地了解当地的农业生产情况，确定最具代表性的同一农户的同一块田采样，田块面积均在1亩以上，并用GPS定位仪确定地理坐标和海拔高程，记录经纬度，精确到0.1″。依此准确方位修正点位图上的点位位置。

2. 调查、取样 向已确定采样田块的户主，按农户地块调查表格的内容逐项进行调查并认真填写。调查严格遵循实事求是的原则，对那些提供信息不清楚的农户，则访问地力水平相当、位置基本一致的其他农户或对实物进行核对推算。采样主要采用S法，均匀随机采取10～15个采样点，充分混合后，按四分法留取1千克组成一个土壤样品，并装入已准备好的土袋中。

3. 采样工具 主要采用不锈钢土钻，采样过程中努力保持土钻垂直，样点密度均匀，基本符合厚薄、宽窄、数量均匀的特征。

4. 采样深度 为0～20厘米耕作层土样。

5. 采样记录 填写2张标签，土袋内外各具1张，注明采样编号、采样地点、采样人、采样日期等。采样同时，填写大田采样点基本情况调查表和大田采样点农户调查表。

三、确定调查内容

根据《规范》要求，按照“测土配方施肥采样地块基本情况调查表”认真填写。本次调查的范围是基本农田保护区耕地和园地（包括蔬菜田、果园和其他经济作物田），调查内容主要有4个方面：一是与耕地地力评价相关的耕地自然环境条件，农田基础设施建设水平和土壤理化性状，耕地土壤障碍因素和土壤退化原因等；二是与农产品品质相关的耕地土壤环境状况，如土壤的富营养化、养分不平衡与缺乏微量元素和土壤污染等；三是与农业结构调整密切相关的耕地土壤适宜性问题等；四是农户生产管理情况调查。

以上资料的获得，一是利用第二次土壤普查和土地利用详查等现有资料，通过收集整理而来；二是采用以点带面的调查方法，经过实地调查访问农户获得的；三是对所采集样品进行相关分析化验后取得；四是将所有资料，包括农户生产管理情况调查资料等分析数据录入到计算机中，并经过矢量化处理形成数字化图件、插值，使每个地块均具有各种资料信息，来获取相关资料信息。这些资料和信息，对分析耕地地力评价与耕地质量评价结果及影响因素具有重要意义。通过分析农户投入和生产管理对耕地地力土壤环境的影响，分析农民现阶段投入成本与耕地质量的直接关系，有利于提高成果的利用价值，引起各级领导的关注。通过对每个地块资源的充实完善，可以从微观角度，对土、肥、气、热、水资源运行情况有更周密的了解，提出管理措施和对策，指导农民进行资源合理利用和分配。通过对全部信息资料的了解和掌握，可以宏观调控资源配置，合理调整农业产业结构，科学指导农业生产。

四、确定分析项目和方法

根据《规程》《山西省耕地地力调查及质量评价实施方案》和《规范》规定，土壤质量调查样品检测项目为：pH、有机质、全氮、碱解氮、全磷、有效磷、全钾、速效钾、缓效钾、有效硫、阳离子交换量、有效铜、有效锌、有效铁、有效锰、水溶性硼、有效钼17个项目。其分析方法均按全国统一的测定方法进行。

五、确定技术路线

大同市南郊区耕地地力调查与质量评价所采用的技术路线见图2-1。

1. 确定评价单元　利用基本农田保护区规划图、土壤图和土地利用现状图叠加的图斑为基本评价单元，相似相近的评价单元至少采集1个土壤样品进行分析。在评价单元图上连接评价单元属性数据库，用计算机绘制各评价因子图。

2. 确定评价因子　根据全国、省级耕地地力评价指标体系并通过农科教专家论证来选择南郊区区域耕地地力评价因子。

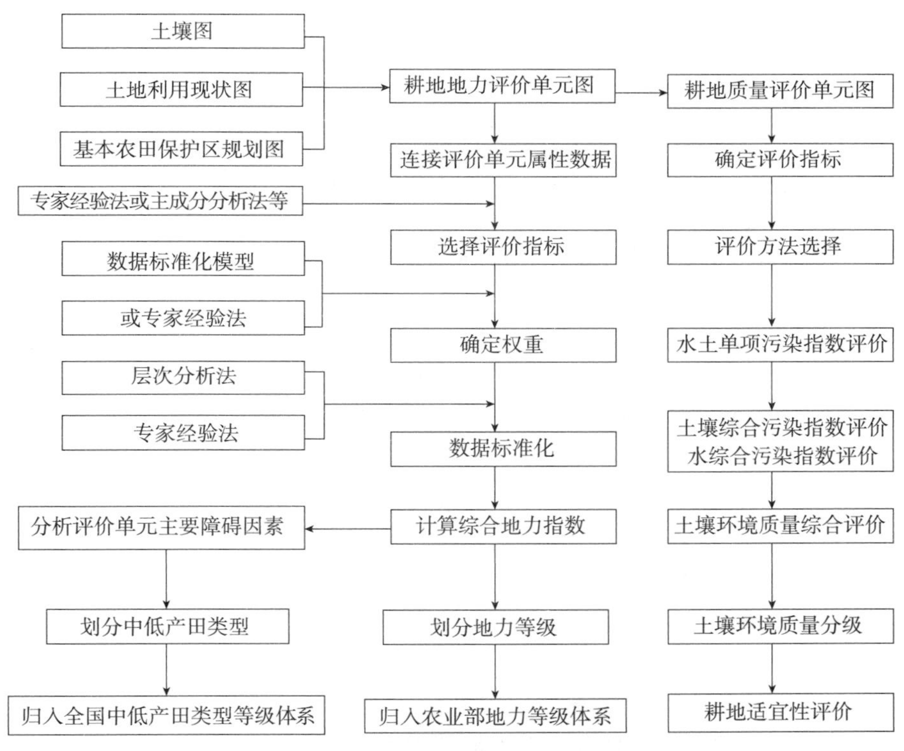

图2-1　耕地地力调查与质量评价技术路线流程

3. 确定评价因子权重　用模糊数学德尔菲法和层次分析法将评价因子标准数据化，并计算出每一评价因子的权重。

4. 数据标准化　选用隶属函数法和专家经验法等数据标准化方法，对评价指标进行数据标准化处理，对定性指标要进行数值化描述。

5. 综合地力指数计算　用各因子的地力指数累加得到每个评价单元的综合地力指数。

6. 划分地力等级　根据综合地力指数分布的累积频率曲线法或等距法，确定分级方案，并划分地力等级。

7. 归入全国耕地地力等级体系 依据《全国耕地类型区、耕地地力等级划分》(NY/T 309—1996)，归纳整理各级耕地地力要素主要指标。结合专家经验，将各级耕地地力归入全国耕地地力等级体系。

8. 划分中低产田类型 依据《全国中低产田类型划分与改良技术规范》(NY/T 310—1996)，分析评价单元耕地土壤主要障碍因素，划分并确定中低产田类型。

第三节 野外调查及质量控制

一、调查方法

野外调查的重点是对取样点的立地条件、土壤属性、农田基础设施条件、农户栽培管理成本和收益及污染等情况的全面了解和掌握。

1. 室内确定采样位置 技术指导组根据要求，在1∶10 000评价单元图上确定各类型采样点的采样位置，并在图上标注。

2. 培训野外调查人员 抽调技术素质高、责任心强的农业技术人员，尽可能抽调第二次土壤普查人员，经过为期3天的专业培训和野外实习，组成11支野外调查队，共20余人参加野外调查。

3. 根据《规程》和《规范》要求，严格取样 各野外调查支队根据图标位置，在了解农户农业生产情况的基础上，确定具有代表性的田块和农户，用GPS定位仪进行定位，依据田块准确方位修正点位图上的点位位置。

4. 按照《规程》、省级实施方案要求规定和《规范》规定，填写调查表格，并将采集的样品统一编号，带回室内化验。

二、调查内容

(一) 基本情况调查项目

1. 采样地点和地块 地址名称采用民政部门认可的正式名称。地块采用当地的通俗名称。

2. 经纬度及海拔高度 用GPS定位仪进行测定。

3. 地形地貌 以形态特征划分为五大地貌类型，即山地、丘陵、平原、高原及盆地。

4. 地形部位 指中小地貌单元。主要包括河漫滩、一级阶地、二级阶地、高阶地、坡地、梁地、垣地、峁地、山地、沟谷、洪积扇（上、中、下）、倾斜平原、河槽地、冲积平原。

5. 坡度 一般分为<2.0°、2.1°～5.0°、5.1°～8.0°、8.1°～15.0°、15.1°～25.0°、≥25.0°。

6. 侵蚀情况 按侵蚀种类和侵蚀程度记载。根据土壤侵蚀类型可划分为水蚀、风蚀、重力侵蚀、冻融侵蚀、混合侵蚀等；侵蚀程度通常分为无、明显、轻度、中度、强度、极强度6级。

7. 潜水深度 指地下水深度，分为深位(>3米)、中位（2～3米)、浅位（≤2米)。

8. 家庭人口及耕地面积　指每个农户实有的人口数量和种植耕地面积（亩）。

（二）土壤性状调查项目

1. 土壤名称　统一按第二次土壤普查时的连续命名法填写，详细到土种。

2. 土壤质地　采用国际制；全部样品均需采用手摸测定；质地分为：沙土、沙壤、壤土、黏壤、黏土5级。室内选取10%的样品采用比重计法（粒度分布仪法）测定。

3. 质地构型　指不同土层之间质地构造变化情况。一般可分为通体壤、通体黏、通体沙、黏夹沙、底沙、壤夹黏、多砾、少砾、夹砾、底砾、少姜、多姜等。

4. 耕层厚度　用铁锹垂直铲下去，用钢卷尺按实际情况进行测量确定。

5. 障碍层次及深度　主要指沙土、黏土、砾石、料姜等所发生的层位、层次及深度。

6. 盐碱情况　按盐碱类型划分为苏打盐化、硫酸盐盐化、氯化物盐化、混合盐化等。按盐化程度分为重度、中度、轻度等，碱化也分为轻度、中度、重度等。

7. 土壤母质　按成因类型分为保德红土、残积物、河流冲积物、洪积物、黄土状冲积物、离石黄土、马兰黄土等类型。

（三）农田设施调查项目

1. 地面平整度　按大范围地面坡度分为平整（<2°）、基本平整（2°～5°）、不平整（>5°）。

2. 梯田化水平　分为地面平坦、园田化水平高，地面基本平坦、园田化水平较高，高水平梯田，缓坡梯田，新修梯田，坡耕地6种类型。

3. 田间输水方式　管道、防渗渠道、土渠等。

4. 灌溉方式　分为漫灌、畦灌、沟灌、滴灌、喷灌、管灌等。

5. 灌溉保证率　分为充分满足、基本满足、一般满足、无灌溉条件4种情况或按灌溉保证率（%）计。

6. 排涝能力　分为强、中、弱3级。

（四）生产性能与管理情况调查项目

1. 种植（轮作）**制度**　分为一年一熟、一年两熟、两年三熟等。

2. 作物（蔬菜）**种类与产量**　指调查地块上年度主要种植作物及其平均产量。

3. 耕翻方式及深度　指翻耕、旋耕、耙地、耱地、中耕等。

4. 秸秆还田情况　分翻压还田、覆盖还田等。

5. 设施类型、棚龄　设施类型分为薄膜覆盖、塑料拱棚、温室等，棚龄以正式投入算起。

6. 上年度灌溉情况　包括灌溉方式、灌溉次数、年灌水量、水源类型、灌溉费用等。

7. 年度施肥情况　包括有机肥、氮肥、磷肥、钾肥、复合（混）肥、微肥、叶面肥、微生物肥及其他肥料施用情况。有机肥要注明类型，化肥指纯养分。

8. 上年度生产成本　包括化肥、有机肥、农药、农膜、种子（种苗）、机械、人工及其他。

9. 上年度农药使用情况　农药使用次数、品种、数量。

10. 产品销售及收入情况。

11. 作物品种及种子来源。

12. 蔬菜效益　指当年纯收益。

三、采样数量

在大同市南郊区 35.07 万亩耕地上，共采集大田土壤样品5 000个。

四、采样控制

野外调查采样是本次调查评价的关键。既要考虑采样代表性、均匀性，也要考虑采样的典型性。根据南郊区的区划划分特征，分别在平川区的前洪积扇、二级阶地、一级阶地、河漫滩、丘陵区（上部、中部、下部）、沟谷等地形部位，并充分考虑，不同作物类型、不同地力水平的农田，严格按照《规程》和《规范》要求均匀布点，并按图标布点实地核查后进行定点采样。

第四节　样品分析及质量控制

一、分析项目及方法

（1）pH：土液比 1∶2.5，采用电位法测定。
（2）有机质：采用油浴加热重铬酸钾氧化容量法测定。
（3）全磷：采用氢氧化钠熔融——钼锑抗比色法测定。
（4）有效磷：采用碳酸氢钠或氟化铵-盐酸浸提——钼锑抗比色法测定。
（5）全钾：采用氢氧化钠熔融——火焰光度计或原子吸收分光光度计法测定。
（6）速效钾：采用乙酸铵浸提——火焰光度计或原子吸收分光光度计法测定。
（7）全氮：采用凯氏蒸馏法测定。
（8）碱解氮：采用碱解扩散法测定。
（9）缓效钾：采用硝酸提取——火焰光度法测定。
（10）有效铜、锌、铁、锰：采用 DTPA 提取——原子吸收光谱法测定。
（11）有效钼：采用草酸-草酸铵浸提——极谱法草酸-草酸铵提取、极谱法测定。
（12）水溶性硼：采用沸水浸提——甲亚胺-H 比色法或姜黄素比色法测定。
（13）有效硫：采用磷酸盐-乙酸或氯化钙浸提——硫酸钡比浊法测定。
（14）有效硅：采用柠檬酸浸提——硅钼蓝色比色法测定。
（15）交换性钙和镁：采用乙酸铵提取——原子吸收光谱法测定。
（16）阳离子交换量：采用 EDTA-乙酸铵盐交换法测定。

二、分析测试质量控制

分析测试质量主要包括野外调查取样后样品风干、处理与实验室分析化验质量，其质量的控制是调查评价的关键。

（一）样品风干及处理

常规样品如大田样品，及时放置在干燥、通风、卫生、无污染的室内风干，风干后送化验室处理。

将风干后的样品平铺在制样板上，用木棍或塑料棍碾压，并将植物残体、石块等侵入体和新生体剔除干净。细小已断的植物须根，可采用静电吸附的方法清除。压碎的土样用2毫米孔径筛过筛，未通过的土粒重新碾压，直至全部样品通过2毫米孔径筛为止。通过2毫米孔径筛的土样可供pH、盐分、交换性能及有效养分等项目的测定。

将通过2毫米孔径筛的土样用四分法取出一部分继续碾磨，使之全部通过0.25毫米孔径筛，供有机质、全氮、碳酸钙等项目的测定。

用于微量元素分析的土样，其处理方法同一般化学分析样品，但在采样、风干、研磨、过筛、运输、储存等诸环节都要特别注意，不要接触容易造成样品污染的铁、铜等金属器具。采样、制样推荐使用不锈钢、木、竹或塑料工具，过筛使用尼龙网筛等。通过2毫米孔径尼龙网筛的样品可用于测定土壤有效态微量元素。

将风干土样反复碾碎，用2毫米孔径筛过筛。留在筛上的碎石称重后保存，同时将过筛的土壤称重，计算石砾质量百分数。将通过2毫米孔径筛的土样混匀后盛于广口瓶内，用于颗粒分析及其他物理性状测定。若风干土样中有铁锰结核、石灰结核、铁子或半风化体，不能用木棍碾碎，应首先将其细心拣出称重保存，然后再进行碾碎。

（二）实验室质量控制

1. 在测试前采取的主要措施

（1）方案制定：按《规程》要求制订周密的采样方案，尽量减少采样误差，把采样作为分析检验的一部分。

（2）人员培训：正式开始分析前，对检验人员进行为期2周的培训，对检测项目、检测方法、操作要点、注意事项逐一进行培训，并进行了质量考核，为检验人员掌握了解项目分析技术、提高业务水平、减少误差等奠定了基础。

（3）收样登记制度：制订了收样登记制度，将收样时间、制样时间、处理方法与时间、分析时间逐一登记，并在收样时确定样品统一编码、野外编码及标签等，从而确保了样品的真实性和整个过程的完整性。

（4）测试方法确认（尤其是同一项目有几种检测方法时）：根据实验室现有条件、要求规定及分析人员掌握情况等确立最终采取的分析方法。

（5）测试环境确认：为减少系统误差，对实验室温湿度、试剂、用水、器皿等逐一检验，保证其符合测试条件。对有些相互干扰的项目分实验室进行分析。

（6）检测用仪器设备及时进行计量检定，定期对运行状况进行检查。

2. 在检测中采取的主要措施

（1）仪器使用实行登记制度，并及时对仪器设备进行检查、维修和调整。

（2）严格执行项目分析标准或规程，确保测试结果准确性。

（3）坚持平行试验，必要的重显性试验，控制精密度，减少随机误差。

①每个项目开始分析时，每批样品均须做100％的平行样品。结果稳定后，平行次数

减少 50%，最少保证做 10%～15%平行样品。每个化验人员都自行编入明码样做平行测定，质控员还编入 10%密码样进行质量控制。

②平行双样测定结果的误差在允许范围之内为合格；平行双样测定全部不合格者，该批样品须重新测定；平行双样测定合格率小于 95%时，除对不合格的重新测定外，再增加 10%～20%的平行测定率，直到总合格率达 95%。

（4）坚持带质控样进行测定：

①与标准样对照。分析中，每批次带标准样品 10%～20%，在测定精密度合格的前提下，标准样测定值在标准保证值（95%的置信水平）范围内为合格，否则本批结果无效，需进行重新分析测定。

②加标回收法。对灌溉水样由于无标准物质或质控样品，采用加标回收试验来测定准确度。

加标率，在每批样品中，随机抽取 10%～20%试样进行加标回收测定。

加标量，被测组分的总量不得超出方法的测定上限。加标浓度宜高，体积应小，不应超过原定试样体积的 1%。

加标回收率在 90%～110%范围内的为合格。

$$加标回收率（\%）=\frac{测得总量-样品含量}{标准加入量}\times 100$$

根据回收率大小，也可判断是否存在系统误差。

（5）注重空白试验：全程空白值是指用某一方法测定某物质时，除样品中不含该物质外，整个分析过程中引起的信号值或相应浓度值。它包含了试剂、蒸馏水中杂质带来的干扰，从待测试样的测定值中扣除，可消除上述因素带来的系统误差。如果空白值过高，则要找出原因，采取其他措施（如提纯试剂、更新试剂、更换容器等）加以消除。保证每批次样品做 2 个以上空白样，并在整个项目开始前按要求做全程空白测定。每次做 2 个平行空白样，连测 5 天共得 10 个测定结果，计算批内标准偏差 S_{wb}：

$$S_{wb}=[\sum(X_i-X_{平})^2/m(n-1)]^{1/2}$$

式中：n——每天测定平均样个数；

m——测定天数。

（6）做好校准曲线：比色分析中标准系列保证设置 6 个以上浓度点。根据浓度和吸光值按一元线性回归方程计算其相关系数。

$$Y=a+bX$$

式中：Y——吸光度；

X——待测液浓度；

a——截距；

b——斜率。

要求标准曲线相关系数 $r\geqslant 0.999$。

校准曲线控制：①每批样品皆需做校准曲线；②标准曲线力求 $r\geqslant 0.999$，且有良好重现性；③大批量分析时每测 10～20 个样品要用标准液校验，检查仪器状况；④待测液浓度超标时不能任意外推。

（7）用标准物质校核实验室的标准滴定溶液：标准物质的作用是校准。对测量过程中使用的基准纯、优级纯的试剂进行校验。校准合格才能使用，确保量值准确。

（8）详细、如实记录测试过程：使检测条件可再现、检测数据可追溯。对测量过程中出现的异常情况也及时记录，及时查找原因。

（9）认真填写测试原始记录：测试记录应做到如实、准确、完整、清晰。记录的填写、更改均制订了相应制度和程序。当测试由一人读数一人记录时，记录人员复读多次所记的数字，减少误差发生。

3. 检测后主要采取的技术措施

（1）加强原始记录校核、审核：实行“三审三校”制度，对发现的问题及时研究、解决，或召开质量分析会，达成共识。

（2）运用质量控制图预防质量事故发生：对运用均值-极差控制图的判断，参照《质量专业理论与实名》中的判断准则。对控制样品进行多次重复测定，由所得结果计算出控制样的平均值 X 及标准差 S（或极差 R），就可绘制均值-标准差控制图（或均值-极差控制图），纵坐标为测定值，横坐标为获得数据的顺序。将均值 X 作成与横坐标平行的中心级 CL，$X \pm 3S$ 为上下警戒限 UCL 及 LCL，$X \pm 2S$ 为上下警戒限 UWL 及 LWL，在进行试样例行分析时，每批带入控制样，根据差异判异准则进行判断。如果在控制限之外，该批结果为全部错误结果，则必须查出原因，采取措施，加以消除，除“回控”后再重复测定，并控制错误不再出现。如果控制样的结果落在控制限和警戒限之间，说明精密度已不理想，应引起注意。

（3）控制检出限：检出限是指对某一特定的分析方法在给定的置信水平内，可以从样品中检测待测物质的最小浓度或最小量。根据空白测定的批内标准偏差（S_{wb}）按下列公式计算检出限（95%的置信水平）。

①若试样一次测定值与零浓度试样一次测定值有显著性差异时，检出限（L）按下列公式计算：

$$L = 2 \times 2^{1/2} t_f S_{wb}$$

式中：L——方法检出限；

t_f——显著水平为 0.05（单侧）、自由度为 f 的 t 值；

S_{wb}——批内空白值标准偏差；

f——批内自由度，$f = m(n-1)$，m 为重复测定次数，n 为平行测定次数。

②原子吸收分析方法中检出限计算：$L = 3S_{wb}$。

③分光光度法以扣除空白值后的吸光值为 0.010 相对应的浓度值为检出限。

（4）及时对异常情况处理：

①异常值的取舍。对检测数据中的异常值，按 GB 4883 标准规定采用 Grubbs 法或 Dixon 法加以判断处理。

②外界干扰（如停电、停水）。检测人员应终止检测，待排除干扰后重新检测，并记录干扰情况。当仪器出现故障时，故障排除后并校准合格的，方可重新检测。

（5）数据处理：使用计算机采集、处理、运算、记录、报告、存储检测数据时，应制订相应的控制程序。

（6）检验报告的编制、审核、签发：检验报告是实验工作的最终结果，是实验室工作的产品，因此对检验报告质量要高度重视。检验报告应做到完整、准确、清晰、结论正确。必须坚持三级审核制度，明确制表、审核、签发的职责。

除此之外，为保证分析化验质量，提高实验室之间分析结果的可比性，山西省土壤肥料工作站抽查5%～10%样品在省测试中心进行复核，并编制密码样，对实验室进行质量监督和控制。

4. 技术交流 在分析过程中，发现问题及时交流，改进方法，不断提高技术水平。

5. 数据录入 分析数据按《规程》和《山西省2005年区域性耕地地力调查与质量评价实施方案》要求审核后编码整理，和采样点一一对照，确认无误后进行录入。采取双人录入、相互对照的方法，保证录入正确率。

第五节 评价依据、方法及评价标准体系建立

一、评价依据

由山西省土壤肥料工作站领导，协同山西农业大学资源环境学院相关专家，大同市土壤肥料工作站以及大同市南郊区土壤肥料工作站相关技术人员评议，南郊区确定了五大因素11个因子为耕地地力评价指标。

1. 立地条件 指耕地土壤的自然环境条件，它包含与耕地质量直接相关的地貌类型及地形部位、成土母质、地面坡度等。

（1）地形部位及其特征描述：南郊区由平原到山地垂直分布的主要地形地貌有一级阶地、二级阶地、一级阶梯、二级阶梯、河流宽谷、河漫滩、御河沙岗等。

（2）成土母质及其主要分布：在南郊区耕地上分布的母质类型有洪积物、河流冲积物、残积物、黄土质（马兰黄土）、花岗生麻岩等。

（3）地面坡度：地面坡度反映水土流失程度，直接影响耕地地力。南郊区将地面坡度小于25°的耕地依坡度大小分成6级（<2.0°、2.1°～5.0°、5.1°～8.0°、8.1°～15.0°、15.1°～25.0°、≥25.0°）进入地力评价系统。

2. 土体构型 指土壤剖面中不同土层间质地构造变化情况，直接反映土壤发育及障碍层次，影响根系发育、水肥保持及有效供给，主要为耕层厚度。

耕层厚度：按其厚度（厘米）深浅从高到低依次分为6级（>30、26～30、21～25、16～20、11～15、≤10）进入地力评价系统。

3. 较稳定的物理性状（耕层质地、有机质、盐渍化和pH）

（1）耕层质地：影响水肥保持及耕作性能。按卡庆斯基制的6级划分体系来描述，分别为沙土、沙壤、轻壤、中壤、重壤、黏土。

（2）有机质：土壤肥力的重要指标，直接影响耕地地力水平。按其含量（克/千克）从高到低依次分为6级（>25.00、20.01～25.00、15.01～20.00、10.01～15.00、5.01～10.00、≤5.00）进入地力评价系统。

（3）pH：过大或过小，作物生长发育都受抑。按照南郊区耕地土壤的pH范围，其测定值由低到高依次分为6级（6.0～7.0、7.0～7.9、7.9～8.5、8.5～9.0、9.0～9.5、

≥9.5）进入地力评价系统。

（4）盐渍化：按程度划分为4级（无、轻、中、重）。

4. 易变化的化学性状（有效磷、速效钾）

（1）有效磷：按其含量（毫克/千克）从高到低依次分为6级（＞25.00、20.1～25.00、15.1～20.00、10.1～15.00、5.1～10.00、≤5.00）进入地力评价系统。

（2）速效钾：按其含量（毫克/千克）从高到低依次分为6级（＞200、151～200、101～150、81～100、51～80、≤50）进入地力评价系统。

5. 农田基础设施条件　灌溉保证率指降水不足时的有效补充程度，是提高作物产量的有效途径。分为充分满足，可随时灌溉；基本满足，在关键时期可保证灌溉；一般满足，大旱之年不能保证灌溉；无灌溉条件4种情况。

二、评价方法及流程

1. 技术方法

（1）文字评述法：对一些概念性的评价因子（如地形部位、土壤母质、土体构型、土壤质地、梯田化水平、盐渍化程度等）进行定性描述。

（2）专家经验法（德尔菲法）：在山西省农科教系统邀请土壤肥料界具有一定学术水平和农业生产实践经验的25名专家，参与评价因素的筛选和隶属度确定（包括概念型和数值型评价因子的评分），见表2-1。

表2-1　大同市南郊区耕地地力评价数值型因子评分

因　子	平均值	众数值	建议值
立地条件（C_1）	1.6	1（9）2（15）	1
土体构型（C_2）	3.1	2（10）4（13）	3
较稳定的理化性状（C_3）	3.9	3（13）5（11）	4
易变化的化学性状（C_4）	4.0	5（11）3（12）	4
农田基础建设（C_5）	1.5	1（13）2（11）	1
地形部位（A_1）	1.0	1（23）	1
成土母质（A_2）	4.1	3（9）5（12）	4
地面坡度（A_3）	2.3	3（6）2（17）	2
耕层厚度（A_4）	2.5	3（11）2（10）	2
耕层质地（A_5）	1.5	1（13）2（11）	1
有机质（A_6）	2.6	2（10）3（13）	3
pH（A_7）	4.5	3（10）6（10）	5
盐渍化（A_8）	3	3（23）	3
有效磷（A_9）	3.6	3（10）4（13）	4
速效钾（A_{10}）	5	6（10）5（10）	5
灌溉保证率（A_{11}）	1.0	1（23）	1

（3）模糊综合评判法：应用这种数理统计的方法对数值型评价因子（如地面坡度、耕层厚度、土壤容重、有机质、有效磷、速效钾、pH 等）进行定量描述，即利用专家给出的评分（隶属度）建立某一评价因子的隶属函数，见表 2-2。

表 2-2　南郊区耕地地力评价数值型因子分级及其隶属度

评价因子	量纲	一级 量值	二级 量值	三级 量值	四级 量值	五级 量值	六级 量值
地面坡度	°	＜2.0	2.0～5.0	5.1～8.0	8.1～15.0	15.1～25.0	≥25
耕层厚度	厘米	＞30	26～30	21～25	16～20	11～15	≤10
有机质	克/千克	＞25.0	20.01～25.00	15.01～20.00	10.01～15.00	5.01～10.00	≤5.00
pH		6.7～7.0	7.1～7.9	8.0～8.5	8.6～9.0	9.1～9.5	≥9.5
有效磷	毫克/千克	＞25.0	20.1～25.0	15.1～20.0	10.1～15.0	5.1～10.0	≤5.0
速效钾	毫克/千克	＞200	151～200	101～150	81～100	51～80	≤50
灌溉保证率		充分满足	基本满足	基本满足	一般满足	无灌溉条件	

（4）层次分析法：用于计算各参评因子的组合权重。本次评价把耕地生产性能（即耕地地力）作为目标层（G 层）；把影响耕地生产性能的立地条件、土体构型、较稳定的物理性状、易变化的化学性状、农田基础设施条件作为准则层（C 层）；再把影响准则层中各因素的项目作为指标层（A 层），建立耕地地力评价层次结构图。在此基础上，由 25 名专家分别对不同层次内各参评因素的重要性做出判断，构造出不同层次间的判断矩阵。最后计算出各评价因子的组合权重。

（5）指数和法：采用加权法计算耕地地力综合指数，即将各评价因子的组合权重与相应的因素等级分值（即由专家经验法或模糊综合评判法求得的隶属度）相乘后累加，如：

$$IFI = \sum B_i \times A_i (i = 1, 2, 3, \cdots, 15)$$

式中：IFI——耕地地力综合指数；

B_i——第 i 个评价因子的等级分值；

A_i——第 i 个评价因子的组合权重。

2. 技术流程

（1）应用叠加法确定评价单元：把土地利用现状图、土壤图叠加形成的图斑作为评价单元。

（2）空间数据与属性数据的连接：用评价单元图分别与各个专题图叠加，为每一评价单元获取相应的属性数据。根据调查结果，提取属性数据进行补充。

（3）确定评价指标：根据全国耕地地力调查评价指数表，由山西省土壤肥料工作站组织 34 名专家，采用德尔菲法和模糊综合评判法确定南郊区耕地地力评价因子及其隶属度。

（4）应用层次分析法确定各评价因子的组合权重。

（5）数据标准化：计算各评价因子的隶属函数，对各评价因子的隶属度数值进行标准化。

（6）应用累加法计算每个评价单元的耕地地力综合指数。

（7）划分地力等级：分析综合地力指数分布，确定耕地地力综合指数的分级方案，划分地力等级。

（8）归入农业部地力等级体系：选择10%的评价单元，调查近3年粮食单产（或用基础地理信息系统中已有资料），与以粮食作物产量为引导确定的耕地基础地力等级进行相关分析，找出两者之间的对应关系，将评价的地力等级归入农业农村部确定的等级体系《全国耕地类型区、耕地地力等级划分》（NY/T 309—1996）。

（9）采用GIS、GPS系统编绘各种养分图和地力等级图等图件。

三、评价标准体系建立

1. 耕地地力要素的层次结构　见图2-2。

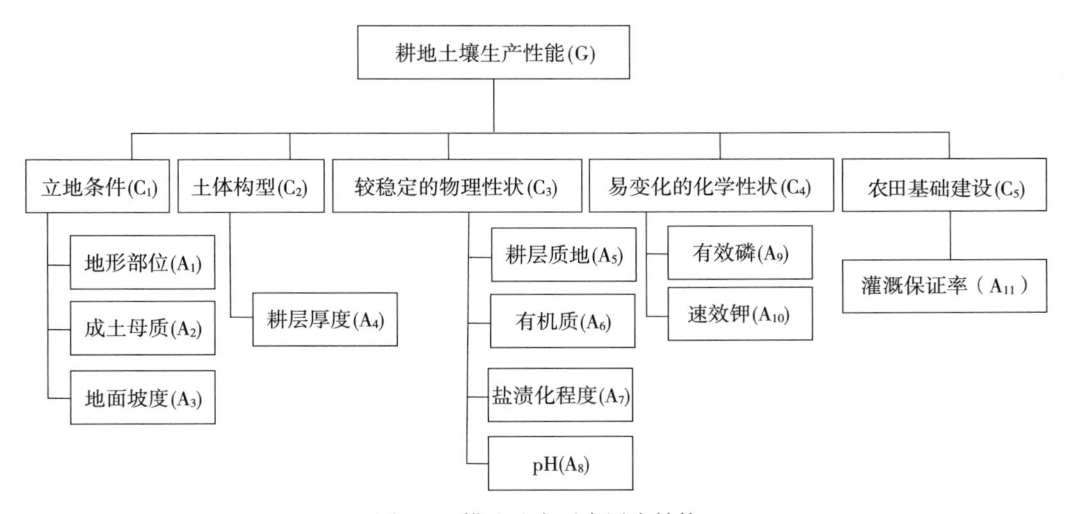

图2-2　耕地地力要素层次结构

2. 耕地地力要素的隶属度

（1）概念性评价因子：各评价因子的隶属度及其描述见表2-3。

表2-3　大同南郊区耕地地力评价概念性因子隶属度及其描述

地形部位	描述	河漫滩	一级阶地	二级阶地	高阶地	垣地	洪积扇（上、中、下）			倾斜平原	梁地	峁地	坡麓	沟谷
	隶属度	0.7	1.0	0.9	0.7	0.4	0.4	0.6	0.8	0.8	0.2	0.2	0.1	0.6

母质类型	描述	洪积物	河流冲积物	黄土状冲积物	残积物	保德红土	马兰黄土	离石黄土
	隶属度	0.7	0.9	1.0	0.2	0.3	0.5	0.6

耕层质地	描述	沙土	沙壤	轻壤	中壤	重壤	黏土
	隶属度	0.2	0.6	0.8	1.0	0.8	0.4

（续）

			无	轻	中	重
盐渍化程度	描述	全盐量	苏打为主，<0.1%	0.1%～0.3%	0.3%～0.5%	≥0.5%
			氯化物为主，<0.2%	0.2%～0.4%	0.4%～0.6%	≥0.6%
			硫酸盐为主，<0.3%	0.3%～0.5%	0.5%～0.7%	≥0.7%
	隶属度		1.0	0.7	0.4	0.1
灌溉保证率	描述		充分满足	基本满足	一般满足	无灌溉条件
	隶属度		1.0	0.7	0.4	0.1

（2）数值型评价因子：各评价因子的隶属函数（经验公式）见表2-4。

3. 耕地地力要素的组合权重 应用层次分析法所计算的各评价因子的组合权重见表2-5。

表2-4 大同南郊区耕地地力评价数值型因子隶属函数

函数类型	评价因子	经验公式	C	U_t
戒下型	地面坡度（°）	$y=1/[1+6.492\times10^{-3}\times(u-c)^2]$	3.00	≥25.00
戒上型	耕层厚度（厘米）	$y=1/[1+4.057\times10^{-3}\times(u-c)^2]$	33.80	≤10.00
戒上型	有机质（克/千克）	$y=1/[1+2.912\times10^{-3}\times(u-c)^2]$	28.40	≤10.00
戒下型	pH	$y=1/[1+0.5156\times(u-c)^2]$	7.00	≥8.00
戒上型	有效磷（毫克/千克）	$y=1/[1+3.035\times10^{-3}\times(u-c)^2]$	28.80	≤5.00
戒上型	速效钾（毫克/千克）	$y=1/[1+5.389\times10^{-5}\times(u-c)^2]$	228.76	≤70.00

表2-5 大同南郊区耕地地力评价因子层次分析结果

指标层	准则层					组合权重
	C_1 0.400 6	C_2 0.067 4	C_3 0.168 3	C_4 0.116 6	C_5 0.247 1	$\sum C_iA_i$ 1.000 0
A_1 地形部位	0.572 8					0.229 5
A_2 成土母质	0.167 5					0.067 1
A_3 地面坡度	0.259 7					0.104 0
A_4 耕层厚度		1.000 0				0.067 4
A_5 耕层质地			0.338 9			0.057 0
A_6 有机质			0.197 2			0.033 2
A_7 盐渍化程度			0.275 8			0.046 4
A_8 pH			0.188 1			0.031 6
A_9 有效磷				0.698 1		0.081 4
A_{10} 速效钾				0.301 9		0.035 3
A_{11} 灌溉保证率					1.000 0	0.247 1

第六节　耕地资源管理信息系统建立

一、耕地资源管理信息系统的总体设计

总体目标

耕地资源信息系统以一个区行政区域内耕地资源为管理对象，应用 GIS 技术对辖区内的地形、地貌、土壤、土地利用、农田水利、农业生产基本情况、基本农田保护区等资料进行统一管理，构建耕地资源基础信息系统，并将此数据平台与各类管理模型结合，对辖区内的耕地资源进行系统的动态管理，为农业决策者、农民和农业技术人员提供耕地质量动态变化、土壤适宜性、施肥咨询、作物营养诊断等多方位的信息服务。

本系统行政单元为村，农田单元为耕地地块，土壤单元为土种，系统基本管理单元为土壤、基本农田保护块、土地利用现状图叠加所形成的评价单元。

1. 系统结构　见图 2-3

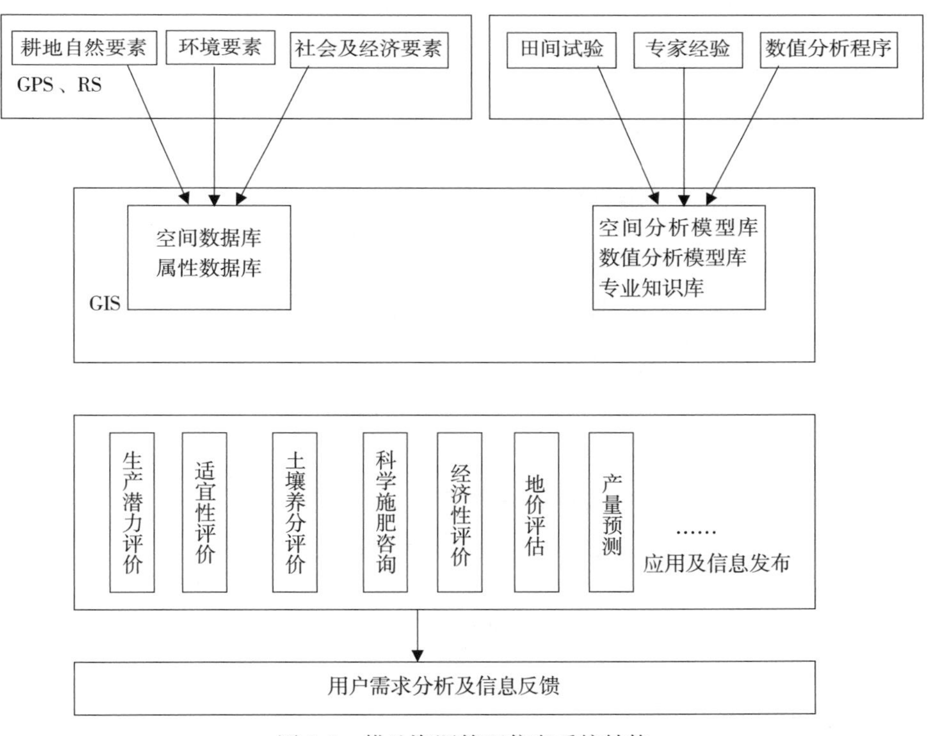

图 2-3　耕地资源管理信息系统结构

2. 区域耕地资源管理信息系统建立工作流程　见图 2-4。

3. CLRMIS、硬件配置

（1）硬件：P5 及其兼容机，≥2G 内存，≥250G 硬盘，≥512M 显存，A4 扫描仪，彩色喷墨打印机。

（2）软件：Windows XP，Excel 2003 等。

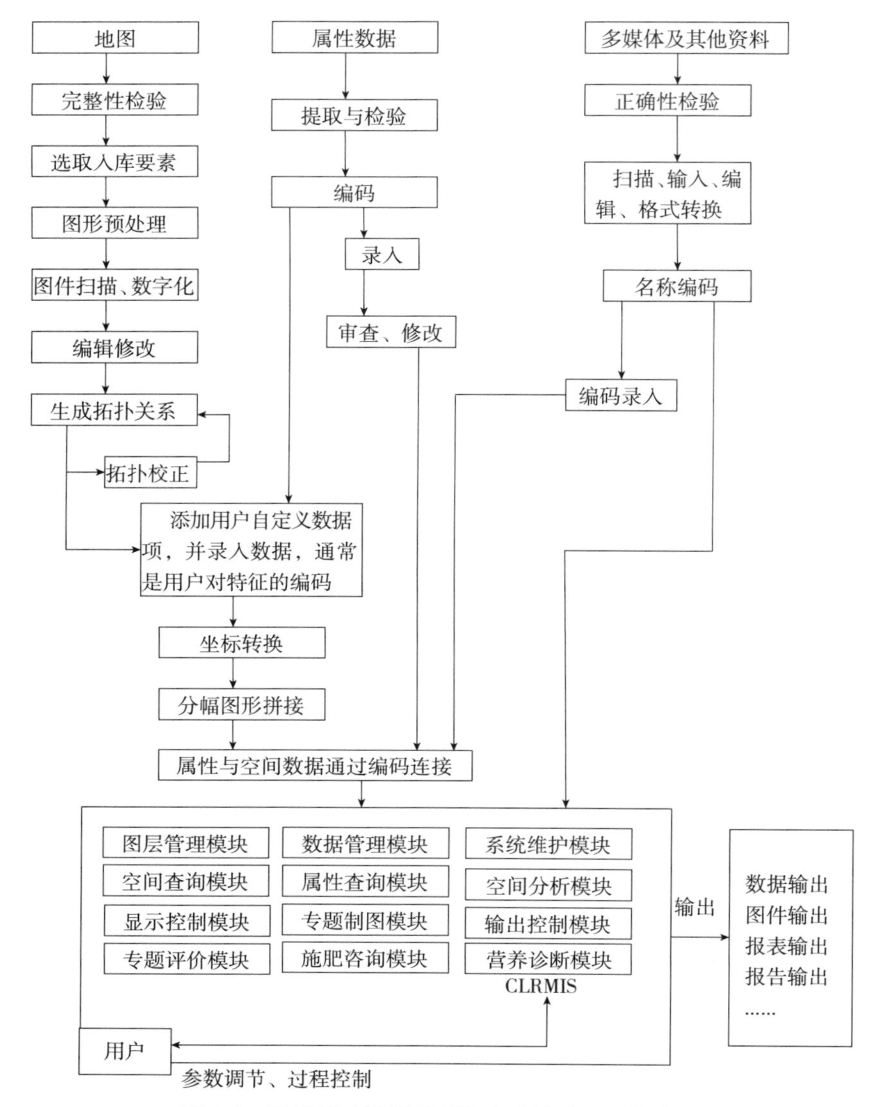

图 2-4　区域耕地资源管理信息系统建立工作流程

二、资料收集与整理

（一）图件资料收集与整理

图件资料指印刷的各类地图、专题图以及商品数字化矢量和栅格图。图件比例尺为 1∶50 000 和 1∶10 000。

（1）地形图：统一采用中国人民解放军原总参谋部测绘局测绘的地形图。由于近年来公路、水系、地形地貌等变化较大，因此采用水利、公路、规划、国土等部门的有关最新图件资料对地形图进行修正。

（2）行政区划图：由于近年撤乡并镇等工作致使部分地区行政区划变化较大，因此按最新行政区划进行修正，同时注意名称、拼音、编码等要一致。

（3）土壤图及土壤养分图：采用第二次土壤普查成果图。

（4）地貌类型分区图：根据地貌类型将辖区内农田分区，采用第二次土壤普查分类系统绘制成图。

（5）土地利用现状图：现有的土地利用现状图（第二次土壤普查数据库）。

（6）主要污染源点位图：调查本地可能对水体、大气、土壤形成污染的矿区、工厂等，并确定污染类型及污染强度，在地形图上准确标明位置及编号。

（7）土壤肥力监测点点位图：在地形图上准确标明位置及编号。

（8）土壤普查土壤采样点点位图：在地形图上准确标明位置及编号。

（二）数据资料收集与整理

（1）基本农田保护区一级、二级地块登记表，国土局基本农田划定资料。

（2）其他有关基本农田保护区划定统计资料，国土局基本农田划定资料。

（3）近几年粮食单产、总产、种植面积统计资料（以村为单位）。

（4）其他农村及农业生产基本情况资料。

（5）历年土壤肥力监测点田间记载及化验结果资料。

（6）历年肥情点资料。

（7）县、乡、村名编码表。

（8）近几年土壤、植株化验资料（土壤普查、肥力普查等）。

（9）近几年主要粮食作物、主要品种产量构成资料。

（10）各乡历年化肥销售、使用情况。

（11）土壤志、土种志。

（12）特色农产品分布、数量资料。

（13）当地农作物品种及特性资料，包括各个品种的全生育期、大田生产潜力、最佳播期、移栽期、播种量、栽插密度、百千克籽粒需氮量、需磷量、需钾量等，及品种特性介绍。

（14）一元、二元、三元肥料肥效试验资料，计算不同地区、不同土壤、不同作物品种的肥料效应函数。

（15）不同土壤、不同作物基础地力产量占常规产量比例资料。

（三）文本资料收集与整理

（1）南郊区及各乡（镇）基本情况描述。

（2）各土种性状描述，包括其发生、发育、分布、生产性能、障碍因素等。

（四）多媒体资料收集与整理

（1）土壤典型剖面照片。

（2）土壤肥力监测点景观照片。

（3）当地典型景观照片。

（4）特色农产品介绍（文字、图片）。

（5）地方介绍资料（图片、录像、文字、音乐）。

三、属性数据库建立

（一）属性数据内容

CLRMIS 主要属性资料及其来源见表 2-6。

表 2-6　CLRMIS 主要属性资料及其来源

编号	名　　称	来　　源
1	湖泊、面状河流属性表	水务局
2	堤坝、渠道、线状河流属性数据	水务局
3	交通道路属性数据	交通局
4	行政界线属性数据	农业局
5	耕地及蔬菜地灌溉水、回水分析结果数据	农业局
6	土地利用现状属性数据	国土局、卫星图片解译
7	土壤、植株样品分析化验结果数据表	本次调查资料
8	土壤名称编码表	土壤普查资料
9	土种属性数据表	土壤普查资料
10	基本农田保护块属性数据表	国土局
11	基本农田保护区基本情况数据表	国土局
12	地貌、气候属性表	土壤普查资料
13	区、乡、村名编码表	民政局

（二）属性数据分类与编码

数据的分类编码是对数据资料进行有效管理的重要依据。编码的主要目的是节省计算机内存空间，便于用户理解使用。地理属性进入数据库之前进行编码是必要的，只有进行了正确的编码，空间数据库与属性数据库才能实现正确连接。编码格式有英文字母与数字组合。本系统主要采用数字表示的层次型分类编码体系，它能反映专题要素分类体系的基本特征。

（三）建立编码字典

数据字典是数据库应用设计的重要内容，是描述数据库中各类数据及其组合的数据集合，也称元数据。地理数据库的数据字典主要用于描述属性数据，它本身是一个特殊用途的文件，在数据库整个生命周期里都起着重要的作用。它避免重复数据项的出现，并提供了查询数据的唯一入口。

（四）数据库结构设计

属性数据库的建立与录入可独立于空间数据库和 GIS 系统，可以在 Access、dBase、FoxBase 和 FoxPro 下建立，最终统一以 dBase 的 dbf 格式保存入库。下面以 dBase 的 dbf 数据库为例进行描述。

1. 湖泊、面状河流属性数据库 lake. dbf

字段名	属　性	数据类型	宽　度	小数位	量　纲
lacode	水系代码	N	4	0	代　码
laname	水系名称	C	20		
lacontent	湖泊储水量	N	8	0	万立方米
laflux	河流流量	N	6		立方米/秒

2. 堤坝、渠道、线状河流属性数据 stream. dbf

字段名	属　性	数据类型	宽　度	小数位	量　纲
ricode	水系代码	N	4	0	代　码
riname	水系名称	C	20		
riflux	河流、渠道流量	N	6		立方米/秒

3. 交通道路属性数据库 traffic. dbf

字段名	属　性	数据类型	宽　度	小数位	量　纲
rocode	道路编码	N	4	0	代　码
roname	道路名称	C	20		
rograde	道路等级	C	1		
rotype	道路类型	C	1		黑色/水泥/石子/土地

4. 行政界线（省、市、县、乡、村）属性数据库 boundary. dbf

字段名	属　性	数据类型	宽　度	小数位	量　纲
adcode	界线编码	N	1	0	代　码
adname	界线名称	C	4		

adcode	
1	国　界
2	省　界
3	市　界
4	县　界
5	乡　界
6	村　界

5. 土地利用现状属性数据库 landuse. dbf

字段名	属　性	数据类型	宽　度	小数位	量　纲
lucode	利用方式编码	N	2	0	代　码
luname	利用方式名称	C	10		

6. 土种属性数据表 soil. dbf

字段名	属　性	数据类型	宽　度	小数位	量　纲
sgcode	土种代码	N	4	0	代　码
stname	土类名称	C	10		
ssname	亚类名称	C	20		
skname	土属名称	C	20		
sgname	土种名称	C	20		
pamaterial	成土母质	C	50		
profile	剖面构型	C	50		
土种典型剖面有关属性数据：					
text	剖面照片文件名	C	40		
picture	图片文件名	C	50		
html	HTML 文件名	C	50		
video	录像文件名	C	40		

7. 土壤养分（pH、有机质、氮等）**属性数据库 nutr * * * * . dbf**　本部分由一系列的数据库组成，视实际情况不同有所差异，如在盐碱土地区还包括盐分含量及离子组成等。

（1）pH 库 nutrpH. dbf：

字段名	属　性	数据类型	宽　度	小数位	量　纲
code	分级编码	N	4	0	代　码
number	pH	N	4	1	

（2）有机质库 nutrom. dbf：

字段名	属　性	数据类型	宽　度	小数位	量　纲
code	分级编码	N	4	0	代　码
number	有机质含量	N	5	2	百分含量

（3）全氮库 nutrN. dbf：

字段名	属　性	数据类型	宽　度	小数位	量　纲
code	分级编码	N	4	0	代　码
number	全氮含量	N	5	3	百分含量

（4）速效养分库 nutrP. dbf：

字段名	属　性	数据类型	宽　度	小数位	量　纲
code	分级编码	N	4	0	代　码
number	速效养分含量	N	5	3	毫克/千克

8. 基本农田保护块属性数据库 farmland. dbf

字段名	属　性	数据类型	宽　度	小数位	量　纲
plcode	保护块编码	N	7	0	代　码
plarea	保护块面积	N	4	0	亩
cuarea	其中耕地面积	N	6		
eastto	东　至	C	20		
westto	西　至	C	20		
sorthto	南　至	C	20		
northto	北　至	C	20		
plperson	保护责任人	C	6		
plgrad	保护级别	N	1		

9. 地貌、气候属性表 landform. dbf

字段名	属　性	数据类型	宽　度	小数位	量　纲
landcode	地貌类型编码	N	2	0	代　码
landname	地貌类型名称	C	10		
rain	降水量	C	6		

10. 基本农田保护区基本情况数据表　（略）

11. 县、乡、村名编码表

字段名	属　性	数据类型	宽　度	小数位	量　纲
vicodec	单位编码-县内	N	5	0	代　码
vicoden	单位编码-统一	N	11		
viname	单位名称	C	20		
vinamee	名称拼音	C	30		

（五）数据录入与审核

数据录入前仔细审核，数值型资料注意量纲、上下限，地名应注意汉字多音字、繁简体、简全称等问题，审核定稿后再录入。录入后仔细检查，保证数据录入无误后，将数据库转为规定的格式（dBase 的 dbf 文件格式文件），再根据数据字典中的文件名编码命名后保存在规定的子目录下。

文字资料以 TXT 格式命名保存，声音、音乐以 WAV 或 MID 文件保存，超文本以 HTML 格式保存，图片以 BMP 或 JPG 格式保存，视频以 AVI 或 MPG 格式保存，动画以 GIF 格式保存。这些文件分别保存在相应的子目录下，其相对路径和文件名录入相应的属性数据库中。

四、空间数据库建立

(一) 数据采集的工艺流程

在耕地资源数据库建设中，数据采集的精度直接关系到现状数据库本身的精度和今后的应用，数据采集的工艺流程是关系到耕地资源信息管理系统数据库质量的重要基础工作。因此，对数据的采集制定了一个详尽的工艺流程。首先，对收集的资料进行分类检查、整理与预处理；其次，按照图件资料介质的类型进行扫描，并对扫描图件进行扫描校正；再次，进行数据的分层矢量化采集、矢量化数据的检查；最后，对矢量化数据进行坐标投影转换与数据拼接工作及数据、图形的综合检查和数据的分层与格式转换。具体数据采集的工艺流程见图 2-5。

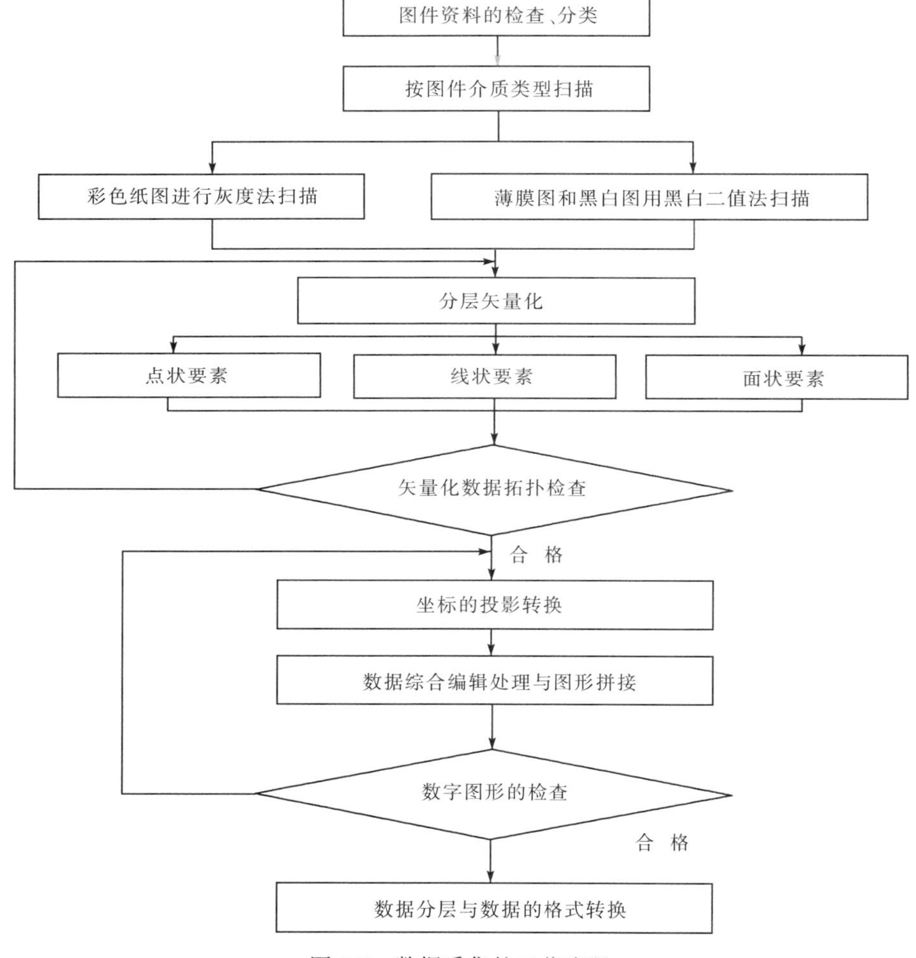

图 2-5 数据采集的工艺流程

(二) 图件数字化

1. 图件的扫描 由于所收集的图件资料为纸介质的图件资料，所以采用灰度法进行扫描。扫描的精度为300dpi。扫描完成后将文件保存为 *.TIF 格式。在扫描过程中，为了能够保证扫描图件的清晰度和精度，对图件先进行预扫描。在预扫描过程中，检查扫描图件的清晰度，其清晰度必须能区分图内的各要素，然后利用 Lontex Fss8300 扫描仪自带的 CAD image/scan 扫描软件进行角度校正。角度校正后必须保证图幅下方两个内图廓点的连线与水平线的角度误差小于 0.2°。

2. 数据采集与分层矢量化　对图形的数字化采用交互式矢量化方法，确保图形矢量化的精度。在耕地资源信息系统数据库建设中需要采集的要素有点状要素、线状要素和面状要素。由于所采集的数据种类较多，所以必须对所采集的数据按不同类型进行分层采集。

（1）点状要素的采集：点状要素可以分为两种类型，一种是零星地类，另一种是注记点。零星地类包括一些有点位的点状零星地类和无点位的零星地类。对于有点位的零星地类，在数据的分层矢量化采集时，将点标记置于点状要素的几何中心点；对于无点位的零星地类在分层矢量化采集时，将点标记置于原始图件的定位点。农化点位、污染源点位等注记点的采集按照原始图件资料中的注记点，在矢量化过程中一一标注相应的位置。

（2）线状要素的采集：在耕地资源图件资料上的线状要素主要有带有宽度的线状地物界、地类界、行政界线、权属界线、土种界、等高线等，对于不同类型的线状要素，进行分层采集。线状地物主要指道路、水系、沟渠等，在数据采集时考虑到有些线状地物由于其宽度较宽，如一些较大的河流、沟渠，它们在地图上可以按照图件资料的宽度比例表示；有些线状地物，如一些道路和水系，由于其宽度不能在图上表示，在采集其数据时，则按栅格图上线状地物的中轴线来确定其在图上的实际位置。对地类界、行政界、土种界和等高线数据的采集，保证其封闭性和连续性。线状要素按照其种类不同分层采集、分层保存，以备数据分析时进行利用。

（3）面状要素的采集：面状要素要在线状要素采集后，通过建立拓扑关系形成区后进行，由于面状要素是由行政界线、权属界线、地类界线和一些带有宽度的线状地物界等结状要素所形成的一系列的闭合性区域，其主要包括行政区、权属区、土壤类型区等图斑。所以对于不同的面状要素，应采用不同的图层对其进行数据采集。考虑到实际情况，将面状要素分为行政区层、地类层、土壤层等图斑层。将分层采集的数据分层保存。

（三）矢量化数据的拓扑检查

由于在矢量化过程中不可避免地要存在一些问题，因此，在完成图形数据的分层矢量化以后，要进行下一步工作时，必须对分层矢量化的数据进行拓扑检查。在对矢量化数据的拓扑检查中主要是完成以下几方面的工作：

1. 消除在矢量化过程中存在的一些悬挂线段　在线状要素的采集过程中，为了保证线段完全闭合，某些线段可能出现相互交叉的情况，这些均属于悬挂线段。在进行悬挂线段的检查时，首先使用 MapGIS 的线文件拓扑检查功能，自动对其检查和清除，如果其不能自动清除的，则对照原始图件资料进行手工修正。对线状要素进行矢量化数据检查完成以后，随即由作图员对矢量化的数据与原始图件资料相对比进行检查，如果在检查过程中发现有一些通过拓扑检查不能解决的问题，或矢量化数据的精度不符合要求的，或者是某些线状要素存在着一定的位移而难以校正的，则对其中的线状要素进行重新矢量化。

2. 检查图斑和行政区等面状要素的闭合性 图斑和行政区是反映一个地区耕地资源状况的重要属性，在对图件资料中的面状要素进行数据分层矢量化采集时，由于图件资料所涉及的图斑较多，有可能存在一些图斑或行政界的不闭合情况，可以利用MapGIS的区文件拓扑检查功能，对在面状要素分层矢量化采集过程中所保存的一系列区文件进行拓扑检查。在拓扑检查过程中可以消除大多数区文件的不闭合情况。对于不能自动消除的，通过与原始图件资料的相互检查，进一步消除其不闭合情况。如果通过拓扑检查，可以消除在矢量化过程中所出现的上述问题，则进行下一步工作；如果在拓扑检查以后还存在一些问题，则对其进行重新矢量化，以确保系统建设的精度。

（四）坐标的投影转换与图件拼接

1. 坐标转换 在进行图件的分层矢量化采集过程中，所建立的图面坐标系（单位为毫米），而在实际应用中，则要求建立平面直角坐标系（单位为米）。因此，必须利用MapGIS所提供的坐标转换功能，将图面坐标转换成为正投影的大地直角坐标系。在坐标转换过程中，为了保证数据的精度，可根据提供数据源的图件精度的不同，采用不同的质量控制方法进行坐标转换工作。

2. 投影转换 区级土地利用现状数据库的数据投影方式采用高斯投影，也就是将进行坐标转换以后的图形资料，按照大地坐标系的经纬度坐标进行转换，以便以后进行图件拼接。在进行投影转换时，对1∶10 000土地利用图件资料，投影的分带宽度为3°。但是根据地形的复杂程度，行政区的跨度和图幅的具体情况，对于部分图形采用非标准的3°分带高斯投影。

3. 图件拼接 大同市南郊区提供的1∶10 000土地利用现状图是采用标准分幅图，在系统建设过程中应将图幅进行拼接。在图幅拼接检查过程中，相邻图幅间的同名要素误差应小于1毫米，这时移动其任何一个要素进行拼接，同名要素间距在1～3毫米的处理方法是将两个要素各自移动一半，在中间部分结合，这样图幅拼接就完全满足了精度要求。

五、空间数据库与属性数据库的连接

MapGIS系统采用不同的数据模型分别对属性数据和空间数据进行存储管理，属性数据采用关系模型，空间数据采用网状模型。两种数据的连接非常重要。在一个图幅工作单元Coverage中，每个图形单元由一个标识码来唯一确定。同时，一个Coverage中可以若干个关系数据库文件即要素属性表，用以完成对Coverage的地理要素的属性描述。图形单元标识码是要素属性表中的一个关键字段，空间数据与属性数据以此字段形成关联，完成对地图的模拟。这种关联使MapGIS的两种模型联成一体，可以方便地从空间数据检索属性数据或者从属性数据检索空间数据。

对属性与空间数据的连接采用的方法是：在图件矢量化过程中，标记多边形标识点，建立多边形编码表，并运用MapGIS将用Foxpro建立的属性数据库自动连接到图形单元中，这种方法可由多人同时进行工作，速度较快。

第三章　耕地土壤属性

第一节　耕地土壤类型

一、土壤类型及分布

大同市南郊区由于地形地貌多种多样，高山、低山、丘陵、河流盆地都有分布。受地形地貌、水文地质、母岩母质、气候以及人为耕作五大成土因素的影响，土壤类型种类繁多，既有栗钙土、粗骨土，也有受地下水影响形成的隐域性土壤类型的潮土、硫酸盐氯化物碱化盐土，还有风沙形成的草原风沙土。按照全国第二次土壤普查技术规程和1984山西省第二次土壤普查分类系统，南郊区土壤分类采用土类、亚类、土属、土种四级分类制，共划分为5个土类，8个亚类，23个土属，36个土种。南郊区耕地土壤分布情况见表3-1。

表3-1　南郊区耕地土壤分布情况

土类	亚类	面积（亩）	分　布
栗钙土	栗钙土性土	175 609	分布于古店、鸦儿崖、口泉、云冈、高山、马军营、西韩岭、水泊寺等乡（镇）
	普通栗钙土	100 057	
粗骨土	中性粗骨土	27 893	分布于古店、口泉、鸦儿崖
潮土	潮土	24 821	广泛分布于口泉、西韩岭、马军营、古店等乡（镇）
	盐化潮土	8 543	广泛分布于口泉、马军营等乡（镇）
	碱化潮土	11 245	主要分布于口泉、马军营
盐土	碱化盐土	1 200	分布于口泉、西韩岭
风沙土	草原风沙	1 340	分布于水泊寺、西韩岭北部

二、土壤类型特征及生产性能

（一）栗钙土

栗钙土是南郊区较大的隐域性土壤，耕地面积275 666亩，约占全区总耕地面积的78.6%。主要分布在古店、鸦儿崖、口泉、云冈、高山、马军营、西韩岭、水泊寺等乡（镇）的一级阶地、二级阶地低洼处以及老河漫滩上。成土条件主要是腐殖质累积和石灰的淋溶-淀积过程，还有弱的石膏化和盐化过程。栗钙土为温带半干旱地区干草原下形成的土壤，表层为栗色或暗栗色的腐殖质，厚度为25～45厘米，有机质含量多在15～37

克/千克；腐殖质层以下为含有多量灰白色斑状或粉状石灰的钙积层，石灰含量达10%～30%。栗钙土土壤性状表现出明显的地区差异。栗钙土地下生物量为地上的10～15倍，高者可达20倍，主要分布在30厘米表层中。

南郊区栗钙土划分为栗钙土性土、普通栗钙土2个亚类，黄土质栗钙土性土、红黄土栗钙土性土、沙泥质栗钙土性土、洪积栗钙土性土、灌淤栗钙土性土、黄土状栗钙土性土6个土属。

1. 普通栗钙土 分布在古店、鸦儿崖、口泉、云冈、高山、马军营、西韩岭、水泊寺等乡（镇）的一级阶地、二级阶地及洪积扇下缘，成土母质为冲积物和冲洪积物等，障碍因素主要为坡地梯改型，耕层厚度为30～40厘米，地貌类型以平原为主。耕地面积为100 057亩，约占全区总耕地面积的28.53%。普通栗钙土为本土类之典型亚类，大部分相当于土壤分类中的钙积半干、半湿润软土，部分类似弱发育半干、半湿润软土，与分类中的钙质栗钙土类似。土层深厚，层次明显，理化性状良好。典型剖面采自西韩岭乡东韩岭村河漫地，海拔1 016米。耕层土壤养分统计见表3-2。

表3-2 普通栗钙土耕地土壤养分统计

项目	有机质(克/千克)	全氮(克/千克)	有效磷(毫克/千克)	速效钾(毫克/千克)	缓效钾(毫克/千克)	pH	有效硫(毫克/千克)	有效铁(毫克/千克)	有效锰(毫克/千克)	有效铜(毫克/千克)	有效锌(毫克/千克)	有效硼(毫克/千克)
最大值	36.82	0.97	18.73	160.80	720.58	8.44	80.04	7.33	7.67	1.46	1.70	0.57
最小值	16.99	0.74	8.40	83.67	660.79	8.0	20.70	2.34	5.67	0.49	0.96	0.54
平均值	23.24	0.855	13.565	122.23	690.68	8.22	50.37	3.83	6.67	0.975	1.33	0.56

注：表中数据为2009—2011年测土配方施肥项目数据统计。

2. 栗钙土性土 分布在古店、鸦儿崖、口泉、云冈、高山、马军营、西韩岭、水泊寺等乡（镇）的一级阶地、二级阶地及洪积扇下缘，成土母质为冲积物和冲洪积物等，障碍因素主要为坡地梯改型，耕层厚度为30～40厘米，地貌类型以平原为主。耕地面积175 609亩，约占全区总耕地面积的50.07%。该亚类土壤为本土类之典型亚类，其形成和分布与贫钙的沙性母质有关，多见于暗栗钙土地带中。少量的钙质在较强淋溶条件及透水性良好的沙性母质中很难形成钙积层，有时近1米深的底土中有弱石灰反应。全剖面盐基饱和，pH8.0～8.4。剖面构型为AP-B-C。典型剖面采自口泉乡赵家小村滩地，海拔1 008米。耕层土壤养分统计见表3-3

表3-3 栗钙土性土耕地土壤养分统计

项目	有机质(克/千克)	全氮(克/千克)	有效磷(毫克/千克)	速效钾(毫克/千克)	缓效钾(毫克/千克)	pH	有效硫(毫克/千克)	有效铁(毫克/千克)	有效锰(毫克/千克)	有效铜(毫克/千克)	有效锌(毫克/千克)	有效硼(毫克/千克)
最大值	36.82	0.97	18.73	160.80	720.58	8.44	80.04	7.33	7.67	1.46	1.70	0.57
最小值	16.99	0.74	8.40	83.67	660.79	8.0	20.70	2.34	5.67	0.49	0.96	0.54
平均值	23.24	0.855	13.565	122.23	690.68	8.22	50.37	3.83	6.67	0.975	1.33	0.56

注：表中数据为2009—2011年测土配方施肥项目数据统计。

（二）粗骨土

粗骨土耕地面积27 893亩，约占全区总耕地面积的7.95%。主要分布于古店、口泉、鸦儿崖的一级阶地、二级阶地低洼处以及老河漫地上。成土条件主要是由于山丘地区地形起伏，田面坡度大，切割深，上体浅薄，加之风蚀、水蚀大多较重，细粒物质易被淋失，土体中残留粗骨碎屑物增多，因而具显著的粗骨性特征。还有部分母岩，在干湿条件下，物理风化尤为强烈，在漫长的成土年代可形成较深厚的半风化土体，细粒物质少，而沙粒含量尤高。这些粗骨土大部分分布于边缘山丘地区，植被多为稀疏灌丛草类，覆盖率较高，地面有较多的凋落物积累，土壤持水量较大，有明显的生物积累特征。粗骨土土层较石质土厚，但多为 A-C 或 A-AC-C 构型。表土层厚度 10～20 厘米，质地砾质性强，结构性差，根系少，疏松多孔。表土层以下即为风化或半风化的母质层，厚度变幅较大，为 20～50 厘米，夹有大量岩屑体。表土层及母质层中石砾含量超过 35%。土壤颜色除表土层略深外，以下母质层颜色因岩性不同各异，但均较鲜艳，且上下过渡较明显。粗骨土的理化性状与母岩风化物的性质密切相关。如土壤细粒部分的质地可从沙土到黏土，土壤反应酸性、中性及石灰性均有，pH 为 8.0～8.4。土壤有机质含量多数在 20～25 克/千克，低的 10 克/千克左右，高的可达 40 克/千克以上，这与植被生长疏密有关。一般林地比草地高，自然土比耕作土高。全磷含量平均为 0.5 克/千克左右，全钾在 20 克/千克以下，速效养分含量也不高。硅质岩形成的粗骨土特别贫瘠，粗骨土耕地土壤养分统计见表3-4。

表 3-4　粗骨土耕地土壤养分统计

项目	有机质（克/千克）	全氮（克/千克）	有效磷（毫克/千克）	速效钾（毫克/千克）	缓效钾（毫克/千克）	pH	有效硫（毫克/千克）	有效铁（毫克/千克）	有效锰（毫克/千克）	有效铜（毫克/千克）	有效锌（毫克/千克）	有效硼（毫克/千克）
最大值	15.67	0.76	5.00	127.13	666.79	8.4	33.56	8.67	8.0	1.54	1.10	1.04
最小值	13.31	0.72	3.83	100.00	517.00	8.0	31.74	7.67	7.0	0.74	0.47	0.72
平均值	14.49	0.74	4.41	113.56	591.8	8.2	32.65	8.17	7.5	1.14	0.785	0.83

注：表中数据为 2009—2011 年测土配方施肥项目数据统计。

粗骨土是生产性能不良的土壤之一，一般不宜农用。局部坡麓及平缓地段已开垦种植薯类、谷类、豆类等耐旱的粮油作物或经济林木，但一般产量不高。特别是有些地方仍盲目垦荒，顺坡种植，全垦造林，挖树根、刨草皮等不合理的利用已造成水土流失加剧，不得不撂荒弃耕，所以当前仍以疏林灌丛草地或裸地为多，有待治理，合理利用。粗骨土分布广泛，因此应根据各地的气候、地形以及社会经济状况，因地制宜地加以治理，在有保护措施条件下，合理利用土壤资源。采取行政和法律手段，严禁乱砍滥伐、乱垦和刀耕火种，控制水土流失，防止粗骨土的面积不断扩大。加强封山育林种草，做到适地适树林草混种，迅速增加地面覆盖，治坡护坡，保持水土，改善生态环境。此外，应用工程措施，筑坝防洪拦泥，防止沟坡滑塌、沟底下切及溯源侵蚀。对已垦农地需进行砌墙保土，应建造水平梯田或采取等高种植，增厚土层，培肥土壤。改变撂荒耕作习惯，建立固定耕地，实行合理的耕作轮作，用养结合，粮草间作，同时也可考虑种植名、特、优等经济作物和药材，多途径治理、改造和利用粗骨土。

土壤类型：南郊区粗骨土以中性粗骨土为主，典型剖面采自口泉乡四老沟，海拔 1 021米。

（三）潮土

潮土耕地为面积44 609亩，约占全区总耕地面积的 12.72%。主要分布在口泉、西韩岭、马军营、古店等乡（镇）的一级阶地、二级阶地低洼处以及老河漫地上。成土条件主要是地下水埋藏浅，受年际间降水不均的影响。夏季多雨季节，河流两岸地下水位升高，土壤底土层或心土层处于水分饱和之中，由于土壤毛灌水上渗，土体多种通气孔被水占据，通气状况不良，土壤处于嫌气状态之下，氧化还原点位降低，土壤中铁、锰等离子还原成低价铁、锰离子，溶于水中发生移动；秋冬季节地下水位降低，土壤通气状况改善，铁、锰离子氧化成高价离子而淀积，地下水频繁升降，氧化还原交替进行，土体铁、锰离子附着在土壤胶体表面，形成锈纹锈斑，发生草甸化过程；春秋季节，蒸发远远大于降水，地下水中盐分随地下水蒸发留余地表，形成盐化潮土。潮土一般生长有喜湿的草甸植被，根系发达，生长量大，根深叶茂，土体在嫌气状态下，有利于有机质的积累，所以，土壤的腐殖化过程相对较强，加上施肥较多，有机质一般较高，但是盐碱危害严重的地块，植物难以很好地生长，有机质的含量较低。南郊区有潮土、盐化潮土、碱化潮土 3 个亚类，6 个土属包括冲积潮土、硫酸盐盐化潮土、氯化物盐化潮土、苏打盐化潮土、混合盐化潮土和碱化潮土。

成土母质均为近代河流中的冲积物，质地差异较大，沉积物质错综复杂，土体构型种类繁多，沉积层理明显，土壤发生层次不太明显。根据潮土草甸化过程进行阶段的不同和附加盐渍化过程划分为 3 个亚类，草甸化过程正在进行，划分为潮土；进行草甸化过程的同时，附加了盐渍化过程，划分为盐化潮土；盐化过程中发生了碱化过程，划分为碱化潮土。

（1）潮土：分布于口泉、西韩岭、马军营、古店等乡（镇）的一级阶地、二级阶地及洪积扇下缘，耕地面积24 821亩，占总耕地面积的 7.08%。潮土为该土类的典型亚类，在成土过程中，主要受地下水影响，地下水在 1.5～2.5 米。潜水流动为畅通，地下水质较好，在季节性干旱和降雨的影响下，地下水位上下移动，发生氧化还原过程和草甸化过程，因而土体中锈纹锈斑明显。南郊区潮土亚类只有洪冲积潮土 1 个土属。成土母质为河流洪积物和冲积物，土体水分含量高，形成周期性积水，水质淡，矿化度较低，一般 0.5～1.0 克/升。土层深厚，层次明显，理化性状良好。耕层土壤养分统计见表 3-5，典型剖面采自谷前堡镇一畔庄村北滩地，海拔1 050米，理化性状见表 3-6。

表 3-5 潮土耕地土壤养分统计

项目	有机质（克/千克）	全氮（克/千克）	有效磷（毫克/千克）	速效钾（毫克/千克）	缓效钾（毫克/千克）	pH	有效硫（毫克/千克）	有效铁（毫克/千克）	有效锰（毫克/千克）	有效铜（毫克/千克）	有效锌（毫克/千克）	有效硼（毫克/千克）
最大值	22.32	0.97	15.0	190	1 100	8.5	100	11.01	11.00	2.00	1.30	1.10
最小值	6.99	0.55	3.0	73	612	8.0	12.9	4.34	6.34	0.71	0.47	0.63
平均值	14.655	0.75	7.81	114	764	8.2	38.9	7.02	8.86	1.19	0.80	0.89

注：表中数据为 2009—2011 年测土配方施肥项目数据统计。

表 3-6 潮土典型剖面理化性状统计（第二次土壤普查）

层次	深度（厘米）	质地	机械组成（%）		有机质（克/千克）	全氮（克/千克）	全磷（克/千克）	pH	碳酸钙（克/千克）	代换量（me/百克土）
			0.01～1 毫米	<0.01 毫米						
1	0～30	轻壤	72.32	27.68	5.4	0.36	0.52	8.46	93	7.49
2	30～75	中壤	62.32	37.68	3.6	0.23	0.80	8.59	176	8.40

（续）

层次	深度（厘米）	质地	机械组成（%）		有机质（克/千克）	全氮（克/千克）	全磷（克/千克）	pH	碳酸钙（克/千克）	代换量（me/百克土）
			0.01～1 毫米	<0.01 毫米						
3	75～110	轻壤	79.32	20.68	1.9	0.11	0.87	8.54	80	7.18
4	110～150	轻壤	72.32	27.68	2.1	0.14	0.93	8.48	104	8.03

（2）盐化潮土：分布于口泉、马军营等乡（镇）的一级阶地上，耕地面积8 543亩，占全区总耕地面积的 2.44%。特点是地下水位较高，水流不畅，且地下水矿化度较高，草甸化过程中附加了盐渍化过程。当潮土耕层含盐量超过 2 克/千克时，地表出现数量不等的盐斑，影响作物的正常生长；该亚类表层含盐量≥2 克/千克，作物缺苗率≥10%。主要改造方法一是工程措施降低地下水位，如打井灌溉、挖排水渠等；二是增施有机肥和酸性肥料，提高土壤肥力，增加作物和土壤的抗盐性；三是使用化学改良剂，代换土壤胶体上的钠离子，减少钠离子的危害。根据盐分组成不同，该亚类划分为 4 个土属，分述如下：

①硫酸盐盐化潮土。分布于口泉、马军营等乡（镇）的一级阶地上，耕地面积2 123亩，占全区总耕地面积的 0.61%。盐分组成以硫酸盐为主，硫酸根离子占到 50%以上，春季地表硫酸盐积聚，白茫茫一片，农民叫这种土壤是白毛盐土。根据耕层含盐量的数量和人为活动，划分为耕轻白盐潮土、耕中白盐潮土 2 个土种。耕地土壤养分见表 3-7，典型剖面采自谷前堡镇一畔庄村西的一级阶地上，海拔1 050米，理化性状见表 3-8。

表 3-7　硫酸盐盐化潮土耕层土壤养分统计

项目	有机质（克/千克）	全氮（克/千克）	有效磷（毫克/千克）	速效钾（毫克/千克）	缓效钾（毫克/千克）	pH	有效硫（毫克/千克）	有效铁（毫克/千克）	有效锰（毫克/千克）	有效铜（毫克/千克）	有效锌（毫克/千克）	有效硼（毫克/千克）
最大值	17.3	0.97	15.0	127	1 100	8.35	90	8.34	9.67	2.06	1.47	0.97
最小值	8.3	0.53	3.5	71	620	7.96	20.7	4.50	6.34	0.84	0.45	0.63
平均值	12.8	0.75	6.6	99	890	8.10	48.7	6.06	7.86	1.19	0.60	0.79

注：表中数据为 2009—2011 年测土配方施肥项目数据统计。

表 3-8　硫酸盐盐化潮土的理化性状（第二次土壤普查）

层次	深度（厘米）	质地	机械组成（%）		有机质（克/千克）	全氮（克/千克）	全磷（克/千克）	pH	全盐（克/千克）
			0.01～1 毫米	<0.01 毫米					
1	0～5	轻壤	77.32	22.68	7.6	0.34	0.74	8.59	3.93
2	5～20	轻壤	72.72	27.28	7.8	0.38	0.89	8.54	0.49
3	20～50	砂壤	81.32	18.68	6.9	0.30	1.18	8.52	0.32
4	50～100	中壤	66.52	33.48	7.0	0.36	0.62	8.51	0.37
5	100～150	中壤	67.32	32.68	6.0	0.30	0.63	8.49	0.59

②氯化物盐化潮土。分布于口泉、马军营等乡（镇）的一级阶地及高河漫滩上，耕地面积1 837亩，占全区总耕地面积的 0.52%。该土属土壤的形成条件、盐分运行规律等均同硫酸盐盐化潮土。盐分组成以氯化物为主，阴离子主要为氯离子，占阴离子总量的 50%以上。氯离子的危害强于硫酸根，对作物危害更加严重，又叫黑油碱土。地表呈黑油

状，看着很潮湿的地表，实际为假墒，作物很难出苗，缺苗断垄十分严重。根据盐分的危害程度，划分为中盐潮土1土种，耕地土壤养分含量统计见表3-9。典型剖面采自口泉乡幸寨村西北的一级阶地上，海拔1 050米，理化性状见表3-10。

表3-9 氯化物盐化潮土耕地土壤养分统计

项目	有机质（克/千克）	全氮（克/千克）	有效磷（毫克/千克）	速效钾（毫克/千克）	缓效钾（毫克/千克）	pH	有效硫（毫克/千克）	有效铁（毫克/千克）	有效锰（毫克/千克）	有效铜（毫克/千克）	有效锌（毫克/千克）	有效硼（毫克/千克）
最大值	16.33	0.86	9.1	127	1 100	8.35	90.0	8.34	9.67	2.06	1.47	0.97
最小值	8.31	0.55	8.0	71.0	620	7.96	20.7	4.50	6.34	0.84	0.45	0.63
平均值	11.69	0.71	6.4	99	890	8.10	48.7	6.06	7.86	1.19	0.60	0.79

注：表中数据为2009—2011年测土配方施肥项目数据统计。

表3-10 氯化物盐化潮土的理化性状（第二次土壤普查）

层次	深度（厘米）	质地	机械组成（%）		有机质（克/千克）	全氮（克/千克）	全磷（克/千克）	pH	全盐（克/千克）	代换量（me/百克土）
			0.01～1毫米	<0.01毫米						
1	0～5	沙壤	86.92	13.08	15.8	0.58	0.70	8.58	20.59	12.10
2	5～20	中壤	67.92	32.08	8.4	0.59	0.69	8.50	1.33	12.98
3	20～50	重壤	49.72	50.28	8.0	0.32	0.63	8.55	0.57	10.91
4	50～100	中壤	63.72	36.28	9.9	0.37	0.78	8.54	0.40	18.12
5	100～130	中壤	68.72	31.28	9.1	0.42	0.87	8.52	0.50	13.71
6	130～150	中壤	62.72	37.28	5.2	0.51	1.35	8.53	0.40	10.73

③苏打盐化潮土。苏打盐化潮土是分布最广、面积最大、危害比较严重的一种盐渍土类型，耕地面积3 121亩，占全区总耕地面积的0.89%。分布于口泉、马军营等乡（镇）的一级阶地、二级阶地和河漫滩，常与其他盐渍土类型呈斑状复区存在。盐分组成以苏打和小苏打为主（Na_2CO_3 和 $NaHCO_3$），地表有1～2厘米为灰白色或发黄的坚薄层结壳，像瓦片一样，群众称为马尿碱土或瓦碱土。由于土壤中含有较多的苏打和代换性钠，土壤胶体被分散，湿时泥泞，干时坚硬，严重板结；不良的物理性状对作物危害很大，土壤通气性不良，影响作物根系的发育，引起根系"窒息"，不能进行营养供应而干枯。该土壤的改良在降低地下水位的同时，必须有化学改良剂和大量有机肥的投入，用大量的钙镁离子代换钠离子，才能取得好的效果。耕地土壤养分见表3-11，典型剖面采自马军营乡小站村村西北的一级阶地，海拔1 050米，理化性状见表3-12。根据演化程度和耕种与否划分为轻苏打盐潮土、耕轻苏打盐潮土、耕中苏打盐潮土、耕重苏打盐潮土4个土种。

表3-11 苏打盐化潮土耕层土壤养分统计

项目	有机质（克/千克）	全氮（克/千克）	有效磷（毫克/千克）	速效钾（毫克/千克）	缓效钾（毫克/千克）	pH	有效硫（毫克/千克）	有效铁（毫克/千克）	有效锰（毫克/千克）	有效铜（毫克/千克）	有效锌（毫克/千克）	有效硼（毫克/千克）
最大值	14.96	0.90	14.4	196	1 000	8.5	86.69	8.67	10.33	2.06	2.21	1.03
最小值	7.65	0.46	3.8	82	620	7.9	26.76	4.00	6.34	0.74	0.37	0.63
平均值	11.46	0.71	6.7	99	817	8.1	44.49	6.06	8.27	1.19	0.67	0.83

注：表中数据为2009—2011年测土配方施肥项目数据统计。

表 3-12　苏打盐化潮土剖面理化性状（第二次土壤普查）

层次	深度（厘米）	质地	机械组成（%）		有机质（克/千克）	全氮（克/千克）	全磷（克/千克）	pH	全盐（克/千克）
			0.01～1毫米	<0.01毫米					
1	0～5	沙壤	74.52	25.48	6.4	0.37	0.78	8.59	20.59
2	5～20	中壤	60.72	39.28	6.8	0.42	0.87	8.48	1.25
3	20～50	中壤	60.52	39.48	8.7	0.51	1.35	8.56	0.53
4	50～100	中壤	64.72	35.28	20.6	1.34	2.70	8.40	0.42
5	100～150	中壤	68.52	31.48	3.6	0.28	0.58	8.35	0.39

④混合盐化潮土。分布于口泉、马军营的一级阶地上，耕地面积1 462亩，占全区总耕地面积的0.42%。盐分由硫酸盐、苏打、氯离子等多种盐分混合组成，每种离子含量为30%～40%，均为轻度盐化，表层含盐量在2～4克/千克，群众称为五花碱土。混合盐化潮土的形成条件、盐分运行规律等均同硫酸盐盐化潮土相似。耕地土壤养分见表3-13,典型剖面采自口泉乡幸寨村东部的一级阶地，海拔1 050米，理化性状见表3-14。根据盐分轻重划分为2个土种：轻混盐潮土、中混盐潮土。

表 3-13　混合盐化潮土耕层土壤养分统计

项目	有机质（克/千克）	全氮（克/千克）	有效磷（毫克/千克）	速效钾（毫克/千克）	缓效钾（毫克/千克）	pH	有效硫（毫克/千克）	有效铁（毫克/千克）	有效锰（毫克/千克）	有效铜（毫克/千克）	有效锌（毫克/千克）	有效硼（毫克/千克）
最大值	15.34	0.98	24.1	133	1 000	8.3	53.43	7.67	9.67	1.93	1.27	0.97
最小值	10.34	0.49	2.8	83	740	7.9	25.00	4.34	6.34	0.71	0.45	0.63
平均值	13.15	0.71	7.0	96	864	8.0	38.19	5.83	8.01	1.11	0.71	0.80

注：表中数据为2009—2011年测土配方施肥项目数据统计。

表 3-14　混合盐化潮土的理化性状（第二次土壤普查）

层次	深度（厘米）	质地	机械组成（%）		有机质（克/千克）	全氮（克/千克）	全磷（克/千克）	pH	全盐（克/千克）
			0.01～1毫米	<0.01毫米					
1	0～5	轻壤	69.72	30.28	4.3	0.36	0.58	8.5	2.77
2	5～30	轻壤	72.72	27.28	4.6	0.30	0.62	8.5	3.62
3	30～60	中壤	63.72	36.28	5.9	0.39	0.56	8.4	0.92
4	60～110	中壤	54.72	45.28	6.7	0.39	0.52	8.1	0.42
5	110～150	中壤	56.72	43.28	6.4	0.34	0.53	8.3	0.38
6	150～205	中壤	62.72	37.28	6.1	0.34	0.58	8.5	0.35

(3) 碱化潮土：分布于口泉、马军营2个乡（镇）的一级阶地上，耕地面积11 245亩，占全区总耕地面积的3.21%。地下水约1.9米，与苏打盐化潮土呈复域性分布，钠离子代换了土壤中钙离子，土壤胶体上的钠离子比例超过5%，pH为8.5～9，土壤分散并呈强碱性反应，严重破坏了土壤结构。碱斑占10%～30%，土壤表层含盐量小于0.2%，土壤盐分组成中含有一定的苏打。在碱斑干时地表坚硬，植物无法生长，湿时泥泞，群众称瓦碱土。耕层土壤养分见表3-15，海拔1 050米，理化性状见表3-16。

表 3-15 碱化潮土耕层土壤养分统计

项目	有机质（克/千克）	全氮（克/千克）	有效磷（毫克/千克）	速效钾（毫克/千克）	缓效钾（毫克/千克）	pH	有效硫（毫克/千克）	有效铁（毫克/千克）	有效锰（毫克/千克）	有效铜（毫克/千克）	有效锌（毫克/千克）	有效硼（毫克/千克）
最大值	19.96	0.92	9.1	150	1 060	8.1	63.41	7.01	9.67	1.61	1.08	0.97
最小值	9.30	0.63	2.5	74	820	7.9	26.76	5.00	6.34	1.00	0.49	0.63
平均值	13.73	0.78	5.4	98	914	8.0	38.17	6.06	7.75	1.24	0.73	0.77

注：表中数据为2009—2011年测土配方施肥项目数据统计。

表 3-16 碱化潮土的理化性状（第二次土壤普查）

层次	深度（厘米）	质地	机械组成（%）		有机质（克/千克）	全氮（克/千克）	全磷（克/千克）	pH	碱化度（%）	代换量（me/百克土）
			0.01～1毫米	<0.01毫米						
1	0～5	轻壤	74.32	25.68	7.1	0.37	0.82	8.45	25.77	8.11
2	5～20	中壤	73.32	26.68	5.9	0.33	0.71	8.52	14.35	8.78
3	20～60	中壤	60.32	39.68	6.4	0.42	0.64	8.37	6.72	8.47
4	60～100	中壤	62.92	37.08	4.9	0.29	0.57	8.28	2.58	8.53
5	100～150	重壤	48.92	51.08	5.6	0.27	0.59	8.43	—	7.12
6	150～200	轻壤	70.72	29.28	2.6	0.14	0.71	8.50	—	10.86

（四）盐土

盐土是地下水影响的隐域性土壤，其特征与潮土基本相同。盐土与盐化潮土呈复区存在，分布于口泉、西韩岭2个乡（镇），耕地面积1 200亩，占全区总耕地面积的0.34%。盐土就是盐化潮土在集盐过程中，耕层土壤含盐量超过10克/千克，pH不高，一般低于9。积盐的主要因素一是南郊区十年九旱，年蒸发量相当于降水量的4.4倍，雨少且不均匀，雨季集中在6月、7月、8月这3个月，一年内干旱季节较长，特别是春季缺雨多风，气候干燥，蒸发最快。所以土体内盐分淋洗作用差，盐分往下跑得少，往上升得多，这是形成地表积盐的主要原因。二是南郊区的水盐汇积中心，地势平坦，坡度较缓，地表和地下径流不畅，地下水埋深浅，矿化度高，盐碱集中连片，形成盐土。三是南郊区地下水位高，平均小于2米，达到了形成盐碱地的临界深度，地下水、盐在土壤毛细管的作用下上升到地表，经过蒸发，水去盐留，致使地表积盐。四是土体构型差，心土、底土层为黏土，所以在地下水位高的情况下，地表土壤水分蒸发后，地下水可陆续补充，大量提供了盐分来源，加之心土、底土黏重，有隔水阻盐的作用，表层盐分受阻隔不易下淋而易上返，所以盐分越积越多形成盐土。盐土表层含盐量大于1%，作物难以生长。最近10多年，由于地下水位下降、国家土地开发和当地农民开垦，使土壤盐分大幅度下降。现多为耕地，但土壤肥力低下，农作物产量不高。

根据pH的高低和钠离子在土壤胶体所占的比例，划分碱化盐土1个亚类，混合碱化盐土1个土属，混合碱化盐土1个土种。耕层土壤养分见表3-17，典型剖面采自西韩岭冯庄东南部的一级阶地，海拔1 050米，理化性状见表3-18。

表 3-17　混合碱化盐土耕地土壤养分统计

项目	有机质（克/千克）	全氮（克/千克）	有效磷（毫克/千克）	速效钾（毫克/千克）	缓效钾（毫克/千克）	pH	有效硫（毫克/千克）	有效铁（毫克/千克）	有效锰（毫克/千克）	有效铜（毫克/千克）	有效锌（毫克/千克）	有效硼（毫克/千克）
最大值	17.32	0.98	24.1	197	1 100	8.43	90.02	12.01	10.33	2.00	1.27	1.04
最小值	6.33	0.49	2.8	67	560	7.81	12.00	3.84	4.9	0.67	0.37	0.49
平均值	11.74	0.71	6.7	109	799	8.14	43.28	6.26	8.5	1.12	0.73	0.85

注：表中数据为 2009—2011 年测土配方施肥项目数据统计。

表 3-18　混合碱化盐土的理化性状（第二次土壤普查）

层次	深度（厘米）	质地	机械组成（%）		有机质（克/千克）	全氮（克/千克）	全磷（克/千克）	pH	全盐（克/千克）	代换量（me/百克土）
			0.01～1 毫米	<0.01 毫米						
1	0～5	中壤	61.72	38.28	6.4	0.48	0.76	8.54	20.59	10.78
2	5～20	中壤	58.72	41.28	6.0	0.41	0.68	8.58	6.01	11.93
3	20～35	中壤	59.72	40.28	3.6	0.28	0.09	8.56	2.64	11.84
4	35～89	黏土	21，72	78.28	7.0	0.58	0.61	8.47	1.81	26.65
5	89～125	中壤	61.72	38.28	7.0	0.58	0.53	8.51	0.66	11.95
6	125～162	中壤	55.72	44.28	5.6	0.35	0.61	8.36	0.71	11.56

（五）风沙土

分布于南郊区水泊寺、西韩岭北部，本区风沙土的亚类、土属、土种均有划分。草原风沙土亚类特点是沙面已有植被生长，地面平坦，沙粒流动缓慢，地表已有薄结皮。目前有耕地1 340亩，占全区耕地面积的 0.38%。耕层土壤养分见表 3-19，典型剖面采自西韩岭乡南村、水泊寺乡梓家村东北部，海拔1 050米，理化性状见表 3-20。

表 3-19　草原风沙土耕地土壤养分统计

项目	有机质（克/千克）	全氮（克/千克）	有效磷（毫克/千克）	速效钾（毫克/千克）	缓效钾（毫克/千克）	pH	有效硫（毫克/千克）	有效铁（毫克/千克）	有效锰（毫克/千克）	有效铜（毫克/千克）	有效锌（毫克/千克）	有效硼（毫克/千克）
最大值	13.97	1.12	8.7	143	1 100.30	8.28	26.76	9.00	10.32	1.54	1.08	1.04
最小值	13.31	0.49	3.7	133	800	8.12	20.70	7.34	5.12	1.27	1.00	0.47
平均值	13.64	0.71	6.3	138	975	8.22	23.72	8.09	8.16	1.40	1.04	0.88

注：表中数据为 2009—2011 年测土配方施肥项目数据统计。

表 3-20　草原风沙土的理化性状（第二次土壤普查）

层次	深度（厘米）	质地	有机质（克/千克）	全氮（克/千克）	全磷（克/千克）	pH	碳酸钙（克/千克）	代换量（me/百克土）
1	0～20	沙土	2.8	0.16	0.40	8.59	7.6	3.25
2	20～37	沙土	2.1	0.11	0.24	8.52	7.0	4.22
3	37～53	沙土	0.6	0	0.28	8.51	15.3	3.16
4	53～76	沙土	1.1	0.02	0.28	8.03	6.0	2.70
5	76～150	沙土	0.7	0	0.29	8.26	15.0	3.11

大同市南郊区省级与区级土种名称对照见表 3-21。

表 3-21 大同市南郊区省级与区级土种名称对照参考（第二次土壤普查）

代号	区级土种名称	新代号	省级土种名称	土属	亚类	土类
92	壤浅位钙积黄土状栗钙土	141	浅钙积栗土	黄土状栗钙土	栗钙土	栗钙土
91	沙浅位钙积黄土状栗钙土	142	沙浅钙积栗土			
93	沙深位钙积黄土状栗钙土	145	夹白干栗土			
94	壤深位钙积黄土状栗钙土	145				
95	沙深位钙积菜园黄土状栗钙土	145				
96	壤深位钙积菜园黄土状栗钙土	145				
101	沙灌淤栗钙土	146	底白干栗土			
102	壤灌淤栗钙土	146				
111	沟淤栗钙土	146				
121	沙潮栗钙土	151	潮栗土	黄土状草甸栗钙土	草甸栗钙土	
122	壤潮栗钙土	152	二合潮栗土			
41	沙砂页岩质栗钙土性土	156	粗沙尼质栗性土	沙泥质栗钙土性土	栗钙土性土	
42	壤砂页岩质栗钙土性土	157	沙尼质栗性土			
43	黏砂页岩质栗钙土性土	158	耕沙尼质栗性土			
21	沙黄土质栗钙土性土	159	沙黄栗性土	黄土质栗钙土性土		
23	沙耕种黄土质栗钙土性土	159				
81	沙黑垆土质栗钙土性土	159				
22	壤黄土质栗钙土性土	160	黄栗性土			
24	壤耕种黄土质栗钙土性土	160				
82	壤黑垆土质栗钙土性土	160				
31	沙红黄土质栗钙土性土	161	沙红栗性土	红黄土栗钙土性土		
33	沙耕种红黄土质栗钙土性土	161				
51	沙红土状栗钙土性土	161				
32	壤红黄土质栗钙土性土	162	红栗性土			
34	壤耕种红黄土质栗钙土性土	162				
52	壤红土状栗钙土性土	162				
53	黏红土状栗钙土性土	162				
63	沙砾洪积栗钙土性土	163	洪栗性土	洪积栗钙土性土		
61	沙洪积栗钙土性土	164	耕洪栗性土			
62	壤洪积栗钙土性土	164				
71	沙灌淤栗钙土性土	165	沙淤栗性土	灌淤栗钙土性土		
72	壤灌淤栗钙土性土	166	二合淤栗性土			
73	黏灌淤栗钙土性土	167				

（续）

代号	区级土种名称	新代号	省级土种名称	土属	亚类	土类
371	沙半固定风沙土	223	流沙土	半固定草原风沙土	草原风沙土	风沙土
381	沙固定风沙土	224	漫沙土	固定草原风沙土		
382	壤固定风沙土	224				
383	沙耕种固定风沙土	225	耕漫沙土			
384	壤耕种固定风沙土	225				
261	沙片麻岩硅铝质石质土	229	麻石砾土	麻沙质中性石质土	中性石质土	石质土
262	壤片麻岩硅铝质石质土	229				
271	沙玄武岩硅铝质石质土	229				
272	壤玄武岩硅铝质石质土	229				
281	沙砂页岩硅铝质石质土	230	沙石砾土	沙泥质中性石质土	中性石质土	
282	壤砂页岩硅铝质石质土	230				
301	砂页岩钙质石质土	230				
302	壤砂页岩钙质石质土	230				
291	沙石灰岩钙质石质土	231	灰石砾土	钙质石质土	钙质石质土	
292	壤石灰岩钙质石质土	231				
311	沙片麻岩硅铝质粗骨土	234	耕麻渣土	麻沙质中性粗骨土	中性粗骨土	粗骨土
312	壤片麻岩硅铝质粗骨土	234				
321	沙玄武岩硅铝质粗骨土	236	浮石渣土	铁铝质中性粗骨土		
322	壤玄武岩硅铝质粗骨土	236				
331	沙砂页岩硅铝质粗骨土	239	耕沙渣土	沙泥质中性粗骨土		
332	壤砂页岩硅铝质粗骨土	239				
351	沙砂页岩钙质粗骨土	239				
352	壤砂页岩钙质粗骨土	239				
361	沙砾岩质钙质粗骨土	239				
341	沙石灰岩钙质粗骨土	242	灰渣土	钙质粗骨土	钙质粗骨土	
342	壤石灰岩钙质粗骨土	242				
12	中厚层花岗片麻岩山地草原草甸土	250	麻沙质草毡土	麻沙质山地草原草甸土	山地草原草甸土	山地草原草甸土
11	薄层花岗片麻岩山地草原草甸土	251	薄麻沙质草毡土			
132	沙浅位厚层冲积潮土	255	河沙潮土	冲积潮土	潮土	潮土
133	沙深位厚层冲积潮土	255				
131	冲积潮土	257	河潮土			
134	壤浅位厚层冲积潮土	257				
135	沙菜园冲积潮土	263	耕二合潮土			
142	壤深位厚层洪积潮土	269	耕洪潮土	洪冲积潮土		
141	壤浅位厚层洪积潮土	270	夹白干洪潮土			
143	壤菜园洪积潮土	275	二合洪潮土			
151	壤脱潮土	288	耕脱潮土	冲积脱潮土	脱潮土	

（续）

代号	区级土种名称	新代号	省级土种名称	土属	亚类	土类
171	壤轻度硫酸盐盐化潮土	296	中白盐潮土	硫酸盐盐化潮土	盐化潮土	潮土
172	壤中度硫酸盐盐化潮土	301	轻白盐潮土			
173	壤深位厚层重度硫酸盐盐化潮土	308	底白干重白盐潮土			
161	沙深厚层砾中度氯化物盐化潮土	315	沙中盐潮土	氯化物盐化潮土		
163	沙浅位厚层中度氯化物盐化潮土	315				
162	壤氯化物盐化潮土	316	中盐潮土			
181	壤轻度苏打盐化潮土	319	耕轻苏打盐潮土	苏打盐化潮土	中性粗骨土	粗骨土
184	沙浅位厚层轻度苏打盐化潮土	319				
185	沙浅位厚层砾中度苏打盐化潮土	319				
186	沙深位厚层轻度苏打盐化潮土	319				
189	壤深位厚层轻度苏打盐化潮土	319				
1811	壤浅位厚层轻度苏打盐化潮土	319				
182	壤中度苏打盐化潮土	322	耕中苏打盐潮土			
187	沙深位厚层中度苏打盐化潮土	322				
1810	壤深位厚层中度苏打盐化潮土	322				
1812	壤浅位厚层中度苏打盐化潮土	322				
183	壤重度苏打盐化潮土	324	耕重苏打盐潮土			
188	沙深位厚层重度苏打盐化潮土	324				
201	壤硫酸盐碱化潮土	330	轻碱潮土	碱化潮土	碱化潮土	
191	壤苏打碱化潮土	332	中碱潮土			
192	壤深位厚层苏打碱化潮土	332				
241	壤氯化物硫酸盐草甸盐土	338	黑油盐土	氯化物草甸盐土	草甸盐土	盐土
251	沙深位厚层氯化物草甸盐土	338				
231	壤氯化物碱化盐土	342	黑油碱盐土	氯化物碱化盐土	碱化盐土	
232	壤深位厚层氯化物碱化盐土	342				
211	壤氯化物硫酸盐碱化盐土	347				
212	沙浅位厚层氯化物硫酸盐碱化盐土	347				
221	壤硫酸盐氯化物碱化盐土	343	灰碱盐土	酸盐氯化物碱化盐土		
222	沙深位厚层硫酸盐氯化物碱化盐土	343				

第二节　有机质及大量元素

土壤大量元素背景值的表达方式以各统计单元养分汇总结果的算术平均值和标准差来表示，分别以单体 N、P_2O_5、K_2O 表示。表示单位：有机质、全氮用克/千克表示，有效磷、速效钾、缓效钾用毫克/千克表示。

土壤有机质、全氮、有效磷、速效钾等以山西省耕地土壤养分含量分级参数表为标准各分 6 个级别，见表 3-22。

表 3-22　山西省耕地地力土壤养分耕地标准

项目	一级	二级	三级	四级	五级	六级
有机质（克/千克）	＞25.00	20.01～25.00	15.01～20.00	10.01～15.00	5.01～10.00	≤5.00
全氮（克/千克）	＞1.50	1.201～1.50	1.001～1.200	0.701～1.000	0.501～0.700	≤0.50
有效磷（毫克/千克）	＞25.00	20.01～25.00	15.1～20.0	10.1～15.0	5.1～10.0	≤5.0
速效钾（毫克/千克）	＞250	201～250	151～200	101～150	51～100	≤50
缓效钾（毫克/千克）	＞1 200	901～1 200	601～900	351～600	151～350	≤150
阳离子代换量（me/百克土）	＞20.00	15.01～20.00	12.01～15.00	10.01～12.00	8.01～10.00	≤8.00
有效铜（毫克/千克）	＞2.00	1.51～2.00	1.01～1.51	0.51～1.00	0.21～0.50	≤0.20
有效锰（毫克/千克）	＞30.00	20.01～30.00	15.01～20.00	5.01～15.00	1.01～5.00	≤1.00
有效锌（毫克/千克）	＞3.00	1.51～3.00	1.01～1.50	0.51～1.00	0.31～0.50	≤0.30
有效铁（毫克/千克）	＞20.00	15.01～20.00	10.01～15.00	5.01～10.00	2.51～5.00	≤2.50
有效硼（毫克/千克）	＞2.00	1.51～2.00	1.01～1.50	0.51～1.00	0.21～0.50	≤0.20
有效钼（毫克/千克）	＞0.30	0.26～0.30	0.21～0.25	0.16～0.20	0.11～0.15	≤0.10
有效硫（毫克/千克）	＞200.00	100.1～200	50.1～100.0	25.1～50.0	12.1～25.0	≤12.0
有效硅（毫克/千克）	＞250.0	200.1～250.0	150.1～200.0	100.1～150.0	50.1～100.0	≤50.0
交换性钙（克/千克）	＞15.00	10.01～15.00	5.01～10.0	1.01～5.00	0.51～1.00	≤0.50
交换性镁（克/千克）	＞1.00	0.76～1.00	0.51～0.75	0.31～0.50	0.06～0.30	≤0.05

一、含量与分级

（一）有机质

土壤有机质是土壤肥力的主要物质基础之一，它经过矿质化和腐殖质化两个过程，释放养分供作物吸收利用，有机质含量越高，土壤肥力越高。南郊区耕地土壤有机质含量变化为 5.34～36.82 克/千克，平均值为 21.24 克/千克，属二级水平（表 3-23）。

（1）不同行政区域：平旺乡和新旺乡耕层土壤有机质含量最高，平均值为 31.06 克/千克和 30.12 克/千克；其次是马军营乡，平均值为 29.49 克/千克；最低是古店镇，平均值为 14.38 克/千克。

（2）不同土壤类型：潮土耕层土壤有机质含量最高，平均值为 29.06 克/千克；其次是栗钙土和风沙土，平均值分别为 24.59 克/千克和 24.87 克/千克；粗骨土最低，平均值为 18.11 克/千克。

（3）不同成土母质：洪积物耕层土壤有机质含量最高，平均值为 27.28 克/千克；其次是冲积物，平均值为 24.29 克/千克；黄土母质最低，平均值为 15.96 克/千克。

（4）不同地形部位：河流一级、二级阶地耕层土壤有机质含量最高，为 27.07 克/千克；其次是丘陵低山中、下部及坡麓平坦地，平均值为 18.21 克/千克；最低是山地、丘陵（中、下）部的缓坡地段，平均值为 16.07 克/千克。

（二）全氮

土壤中全氮的积累，主要来源于动植物残体、肥料、土壤中微生物固定、大气降水带入土壤中的氮，能被植物利用的是无机态氮，占全氮 5%，其余 95%是有机态氮，有机态氮慢慢矿化后才能被植物利用。全氮和有机质有一定的相关性。全区土壤全氮含量变化范围为 0.38～1.92 克/千克，平均值为 0.91 克/千克，属四级水平（表 3-23）。

（1）不同行政区域：平旺乡和新旺乡耕层土壤全氮含量最高，平均值为 1.18 克/千克和 1.09 克/千克；其次是马军营乡，平均值为 1.02 克/千克；最低是古店镇，平均值为 0.71 克/千克。

（2）不同土壤类型：不同土壤类型耕层土壤全氮差异不明显，其中潮土耕层土壤全氮含量最高，平均值为 0.91 克/千克；其次是栗钙土和风沙土，平均值分别为 0.86 克/千克和 0.88 克/千克；粗骨土和盐土最低，平均值均为 0.80 克/千克。

（3）不同成土母质：不同成土母质之间耕层土壤全氮含量差异亦不明显，其中以冲积物耕层土壤全氮含量最高，平均值为 0.87 克/千克；洪积物最低，平均值为 0.81 克/千克。

（4）不同地形部位：河流一级、二级阶地耕层土壤全氮含量最高，平均值为 0.89 克/千克；其次中低山丘陵坡地，平均值为 0.81 克/千克；最低是山地、丘陵（中、下）部的缓坡地段，平均值为 0.75 克/千克。

表 3-23　南郊区大田土壤养分有机质和全氮统计

单位：克/千克

类别		有机质			全氮		
		最大值	最小值	平均值	最大值	最小值	平均值
行政区域	古店镇	24.63	8.31	14.38	0.91	0.38	0.71
	高山镇	36.82	10.67	15.34	1.82	0.51	0.80
	云冈镇	36.82	14.63	16.16	1.06	0.66	0.84
	口泉乡	36.82	5.34	19.06	1.27	0.46	0.82
	新旺乡	36.82	18.31	30.12	1.55	0.87	1.09
	水泊寺乡	36.82	11.66	20.13	1.63	0.64	0.99
	马军营乡	36.82	11.66	29.49	1.73	0.64	1.02
	西韩岭乡	36.82	9.96	24.58	1.75	0.53	0.84
	平旺乡	36.82	10.34	31.06	1.92	0.48	1.18
	鸦儿崖乡	22.98	8.31	14.69	1.01	0.48	0.74
土壤类型	潮土	36.82	8.31	29.06	1.92	0.38	0.91
	粗骨土	36.82	9.96	18.11	1.20	0.54	0.80
	风沙土	36.82	11.66	24.87	1.29	0.56	0.88
	栗钙土	36.82	8.31	24.59	1.82	0.43	0.86
	盐土	36.82	12.32	19.89	1.23	0.58	0.80

（续）

类别		有机质			全氮		
		最大值	最小值	平均值	最大值	最小值	平均值
成土母质	洪积物	36.82	6.66	27.28	1.27	0.48	0.81
	黄土母质	21.66	10.34	15.96	1.05	0.67	0.84
	冲积物	36.82	5.34	24.49	1.92	0.38	0.87
地形部位	低山丘陵坡地	36.82	8.31	18.05	1.45	0.59	0.81
	河流一级、二级阶地	36.82	8.31	27.07	1.92	0.38	0.89
	丘陵低山中、下部及坡麓平坦地	36.82	5.34	18.21	1.47	0.46	0.78
	山地、丘陵（中、下）部的缓坡地段，地面有一定的坡度	36.82	8.64	16.07	1.05	0.48	0.75

注：表中统计结果依据2009—2011年大同南郊区测土配方施肥项目土样化验结果。

（三）有效磷

土壤有效磷是作物所需的三要素之一，磷对作物的新陈代谢、能量转换、调节酸碱度都起着很重要的作用，还可以促进作物对氮素的吸收，所以土壤有效磷含量的高低，决定着作物的产量。南郊区有效磷含量变化范围为2.18～20.82毫克/千克，平均值为11.10毫克/千克，属四级水平（表3-24）。

（1）不同行政区域：平旺乡和新旺乡耕层土壤有效磷含量最高，平均值为15.32毫克/千克和14.87毫克/千克；其次是马军营乡，平均值为13.31毫克/千克；最低是高山镇，平均值为5.31毫克/千克。

（2）不同土壤类型：风沙土耕层土壤有效磷含量最高，平均值为14.87毫克/千克；其次是潮土，平均值为14.6毫克/千克。粗骨土最低，平均值为6.2毫克/千克。

（3）不同成土母质：黄土母质耕层土壤有效磷含量最高，平均值为15.56毫克/千克；洪积物最低，平均值为10.2毫克/千克。

（4）不同地形部位：河流一级、二级阶地耕层土壤有效磷含量最高，平均值为12.55毫克/千克；其次是低山丘陵坡地，平均值为9.95毫克/千克；最低是山地、丘陵（中、下）部的缓坡地段，平均值为6.27毫克/千克。

（四）速效钾

土壤速效钾也是作物所需的三要素之一，它是许多酶的活化剂，能促进光合作用、蛋白质的合成，能增强作物茎秆的坚韧性，增强作物的抗倒伏和抗病虫能力，能提高作物的抗旱和抗寒能力，总之钾是提高作物产量和质量的关键元素。南郊区土壤速效钾含量变化范围为80.89～232.94毫克/千克，平均值130.10毫克/千克，属四级水平（表3-24）。

（1）不同行政区域：马军营乡和新旺乡耕层土壤速效钾含量最高，平均值分别为151.02毫克/千克和148.21毫克/千克；其次是平旺乡和西韩岭乡，平均值分别为147.86毫克/千克和143.84毫克/千克；最低是鸦儿崖乡，平均值为91.85毫克/千克。

（2）不同土壤类型：风沙土耕层土壤速效钾含量最高，平均值为154.86毫克/千克；其次是盐土，平均值为147.76毫克/千克；粗骨土最低，平均值为112.69毫克/千克。

（3）不同成土母质：黄土母质耕层土壤速效钾含量最高，平均值为144.8毫克/千克；冲积物最低，平均值为129.92毫克/千克。

（4）不同地形部位：河流一级、二级阶地耕层土壤速效钾含量最高，平均值为 136.75 毫克/千克；其次是低山丘陵坡地，平均值为 117.04 毫克/千克；最低是山地、丘陵（中、下）部的缓坡地段，平均值为 97.82 毫克/千克。

表 3-24 南郊区大田土壤养分有效磷和速效钾统计

单位：毫克/千克

类别		有效磷			速效钾		
		最大值	最小值	平均值	最大值	最小值	平均值
行政区域	古店镇	17.74	2.51	5.84	167.33	80.89	114.04
	高山镇	14.39	2.18	5.31	210.80	81.52	106.46
	云冈镇	17.41	3.50	7.11	196.73	91.20	132.98
	口泉乡	16.54	2.51	12.00	232.94	90	135.40
	新旺乡	18.98	11.75	14.87	188.12	100.00	148.21
	水泊寺乡	19.01	3.83	11.55	221.12	90.6	129.83
	马军营乡	18.92	6.42	13.31	223.87	86.93	151.02
	西韩岭乡	18.76	3.83	13.06	206.84	91.12	143.84
	平旺乡	20.03	6.42	15.32	216.16	82.06	147.86
	鸦儿崖乡	17.74	2.18	5.70	150.00	81.51	91.85
土壤类型	潮土	20.34	2.84	14.60	206.23	82.06	139.47
	粗骨土	18.03	2.18	6.20	210.80	83.23	112.69
	风沙土	19.78	4.49	14.87	201.01	83.67	154.86
	栗钙土	20.07	2.18	10.38	220.17	81.61	127.44
	盐土	17.87	3.83	9.64	222.67	90.20	147.76
成土母质	洪积物	18.06	2.18	10.20	225.16	81.98	130.62
	黄土母质	16.16	9.72	15.56	173.86	114.06	144.80
	冲积物	20.82	2.18	11.23	232.94	91.03	129.92
地形部位	低山丘陵坡地	18.72	2.84	9.95	226.16	91.23	117.04
	河流一级、二级阶地	20.16	2.18	12.55	232.94	83.67	136.75
	丘陵低山中、下部及坡麓平坦地	12.06	2.18	6.52	207.13	82.06	110.45
	山地、丘陵（中、下）部的缓坡地段，地面有一定的坡度	11.17	2.18	6.27	167.33	81.92	97.82

注：表中统计结果依据 2009—2011 年大同南郊区测土配方施肥项目土样化验结果。

（五）缓效钾

南郊区土壤缓效钾变化范围 336.49～1 100.30 毫克/千克，平均值为 670.53 毫克/千克，属三级水平（表 3-25）。

（1）不同行政区域：鸦儿崖乡耕层土壤缓效钾含量最高，平均值为 786.08 毫克/千克；其次是云岗镇，平均值为 772.2 毫克/千克；最低是平旺乡，平均值为 594.32 毫克/千克。

（2）不同土壤类型：栗钙土耕层土壤缓效钾含量最高，平均值为 676.74 毫克/千克；

其次是粗骨土，平均值为676.38毫克/千克；潮土最低，平均值为641.32毫克/千克。

（3）不同成土母质：洪积物和冲积物耕层土壤缓效钾含量最高，平均值为672.78毫克/千克和670.26毫克/千克；黄土母质最低，平均值为649.07毫克/千克。

（4）不同地形部位：丘陵低山中、下部及坡麓平坦地和山地、丘陵（中、下）部的缓坡地段耕层缓效钾含量最高，平均值为739.74毫克/千克和738.69毫克/千克；河流一级、二级阶地耕层土壤缓效钾含量最低，平均值为648.5毫克/千克。

表3-25 南郊区大田土壤养分缓效钾统计

单位：毫克/千克

类别		缓效钾		
		最大值	最小值	平均值
行政区域	古店镇	920.93	336.49	653.10
	高山镇	940.86	517.00	708.06
	云冈镇	1 040.51	517.00	772.20
	口泉乡	960.79	384.20	651.91
	新旺乡	840.16	550.20	663.91
	水泊寺乡	880.02	400.80	596.82
	马军营乡	1 000.65	434.00	628.37
	西韩岭乡	920.93	417.40	603.22
	平旺乡	840.16	450.60	594.32
	鸦儿崖乡	1 100.30	412.18	786.08
土壤类型	潮土	980.72	641.32	641.32
	粗骨土	940.86	676.38	676.38
	风沙土	1 000.65	660.06	660.06
	栗钙土	1 100.30	676.74	676.74
	盐土	800.30	655.64	655.64
成土母质	洪积物	960.79	450.60	672.78
	黄土母质	740.51	566.80	649.07
	冲积物	1 100.30	336.49	670.26
地形部位	低山丘陵坡地	920.93	566.80	732.64
	河流一级、二级阶地	1 040.51	336.49	648.50
	丘陵低山中、下部及坡麓平坦地	1 100.30	384.20	739.74
	山地、丘陵（中、下）部的缓坡地段，地面有一定的坡度	1 080.37	384.20	738.69

注：表中统计结果依据2009—2011年大同南郊区测土配方施肥项目土样化验结果。

二、分级论述

（一）土壤有机质

一级 有机质含量为＞25.00克/千克，南郊区该级面积主要分布在口泉乡的高庄、墙框堡、五法村，面积为 84 137.47 亩，占总耕地面积的 23.99%。

二级　有机质含量为 20.0～25.0 克/千克，面积为 98 690.00 亩，占总耕地面积的 28.14%。主要分布在口泉等乡（镇）。

三级　有机质含量为 15.0～20.0 克/千克，面积为 104 203.25 亩，占总耕地面积的 29.71%。主要分布在西韩岭、口泉等乡（镇）的高产地和蔬菜地。

四级　有机质含量为 10.0～15.0 克/千克，面积为 61 994.30 亩，占总耕地面积的 17.68%，广泛分布在南郊区的各个乡（镇）。

五级　有机质含量为 5.0～10.0 克/千克，面积为 1 683.45 亩，占总耕地面积的 0.48%。主要分布在高山、云冈等乡（镇）二级阶地。

六级　有机质含量≤5.0 克/千克，全区无分布。

（二）全氮

一级　全氮含量为>1.5 克/千克，面积为 4 884.47 亩，占总耕地面积的 1.39%。

二级　全氮含量为 1.2～1.5 克/千克，面积为 18 656.66 亩，占总耕地面积的 5.32%，主要分布在西韩岭、新旺等乡（镇）的中山耕地。

三级　全氮含量为 1.0～1.2 克/千克，面积为 47 668.90 亩，占总耕地面积的 13.59%。主要分布马军营、古店等乡（镇）的蔬菜地。

四级　全氮含量为 0.7～1.0 克/千克，面积为 176 881.12 亩，占总耕地面积的 50.44%。广泛分布在全区的各个乡（镇）。

五级　全氮含量为 0.5～0.7 克/千克，面积为 102 276.7 亩，占总耕地面积的 29.16%。广泛分布在全区的各个乡（镇）。

六级　全氮含量≤0.5 克/千克，面积为 340.62 亩，占总耕地面积的 0.1%。主要分布在云冈、高山南部黄土丘陵的瘠薄地。

（三）有效磷

一级　有效磷含量在>25.0 毫克/千克，面积为 27 346.54 亩，占总耕地面积的 7.8%。分布在全区各乡（镇）。

二级　有效磷含量在 20.0～25.0 毫克/千克，面积为 33 552.63 亩，占总耕地面积的 9.57%。主要分布在口泉等乡（镇）。

三级　有效磷含量在 15.0～20.0 毫克/千克，面积为 49 928.38 亩，占总耕地面积的 14.24%。主要分布在古店等乡（镇）的高产水地和蔬菜地。

四级　有效磷含量在 10.0～15.0 毫克/千克。面积为 68 139.68 亩，占总耕地面积的 19.43%。广泛分布在马军营等乡（镇）的高产水地和中高产旱地。

五级　有效磷含量在 5.0～10.0 毫克/千克。面积为 125 654.35 亩，占总耕地面积的 35.83%。广泛分布在全区各乡（镇）。

六级　有效磷含量≤5.0 毫克/千克，面积为 46 086.89 亩，占总耕地面积的 13.14%。主要分布在云冈、高山南部黄土丘陵的瘠薄地。

（四）速效钾

一级　速效钾含量在>250 毫克/千克，面积为 6 329.06 亩，占总耕地面积的 1.8%。

二级　速效钾含量在 200～250 毫克/千克，面积为 19 664.82 亩，占总耕地面积的

5.61。其主要分布在口泉等乡（镇）的低山耕地。

三级　速效钾含量在 150～200 毫克/千克，面积为 68 834.54 亩，占总耕地面积的 19.63%。分布在全区各乡（镇）。

四级　速效钾含量在 100～150 毫克/千克，面积为 205 565.6 亩，占总耕地面积的 58.61%。广泛分布在全区各乡（镇）。

五级　速效钾含量在 50～100 毫克/千克，面积为 50 280.14 亩，占总耕地面积的 14.34%。广泛分布在全区各乡（镇）。

六级　速效钾含量≤50 毫克/千克，面积为 34.31 亩，占总耕地面积的 0.01%。

（五）缓效钾

一级　缓效钾含量在>1 200毫克/千克，南郊区分布面积很小，没有统计。

二级　缓效钾含量在 900～1 200毫克/千克，面积为 4 184.68 亩，占总耕地面积的 1.19%。广泛分布在全区各乡（镇）。

三级　缓效钾含量在 600～900 毫克/千克，面积为 238 832.56 亩，占总耕地面积的 68.1%。分布在全区乡（镇）。

四级　缓效钾含量在 350～600 毫克/千克，面积为 107 605.87 亩，占总耕地面积的 30.68%。广泛分布在全区各乡（镇）。

五级　缓效钾含量为 150～350 毫克/千克，面积为 85.36 亩，占总耕地面积的 0.03%。主要分布在全区的洪积扇和河流阶地。

六级　缓效钾含量≤150 毫克/千克，全区无分布。

表 3-26　南郊区耕地土壤大量元素分级面积及占耕地面积百分比

项　目		一级	二级	三级	四级	五级	六级
有机质（克/千克）	面积（亩）	84 137.47	98 690.00	104 203.25	61 994.30	1 683.45	0
	占比（%）	23.99	28.14	29.71	17.68	0.48	0
全氮（克/千克）	面积（亩）	4 884.47	18 656.66	47 668.90	176 881.12	102 276.70	340.62
	占比（%）	1.39	5.32	13.59	50.44	29.16	0.10
有效磷（毫克/千克）	面积（亩）	27 346.54	33 552.63	49 928.38	68 139.68	125 654.35	46 086.89
	占比（%）	7.80	9.57	14.24	19.43	35.83	13.14
速效钾（毫克/千克）	面积（亩）	6 329.06	19 664.82	68 834.54	205 565.60	50 280.14	34.31
	占比（%）	1.80	5.61	19.63	58.61	14.34	0.01
缓效钾（毫克/千克）	面积（亩）	0	4 184.68	238 832.56	107 605.87	85.36	0
	占比（%）	0	1.19	68.10	30.68	0.03	0

注：表中统计结果依据 2009—2011 年大同南郊区测土配方施肥项目土样化验结果。

第三节　中量元素

中量元素背景值的表达方式以各统计单元养分汇总结果的算术平均值和标准差来表示。以单位体 S 表示，表示单位为毫克/千克。

2009—2011 年，测土配方施肥项目只进行了土壤有效硫的测试，交换性钙、交换性镁没有测试，所以只统计了有效硫的情况。由于有效硫目前全国范围内仅有酸性土壤临界值，而全区土壤属栗钙土壤，没有临界值标准。因而只能根据养分含量的具体情况进行级别划分，分 6 个级别（表 3-22）。

一、含量与分布

南郊区土壤有效硫变化范围为 6.50～90.02 毫克/千克，平均值为 36.77 毫克/千克，属四级水平。南郊区大田土壤硫元素统计见表 3-27。

（1）不同行政区域：口泉乡耕层土壤有效硫含量最高，平均值为 57.41 毫克/千克；其次是新旺乡，平均值为 49.43 毫克/千克；最低是高山镇，平均值为 17.73 毫克/千克。

（2）不同土壤类型：盐土耕层土壤有效硫含量最高，平均值为 53.31 毫克/千克；其次是潮土，平均值分别为 46.32 毫克/千克；粗骨土最低，平均值为 24.84 毫克/千克。

（3）不同成土母质：洪积物耕层土壤有效硫含量最高，平均值为 46.54 毫克/千克；黄土母质最低，平均值为 31.36 毫克/千克。

（4）不同地形部位：河流一级、二级阶地耕层土壤有效硫含量高，为 39.02 毫克/千克；其次是低山丘陵坡地，平均值为 37.29 毫克/千克；最低是丘陵低山中、下部的平坦地，平均值为 28.73 毫克/千克。

表 3-27 南郊区大田土壤养分有效硫统计

单位：毫克/千克

类别		有效硫		
		最大值	最小值	平均值
行政区域	古店镇	66.73	14.68	31.13
	高山镇	43.36	6.50	17.73
	云冈镇	73.38	7.36	21.78
	口泉乡	90.02	12.10	57.41
	新旺乡	63.40	36.72	49.43
	水泊寺乡	60.08	21.56	35.15
	马军营乡	76.71	26.76	46.76
	西韩岭乡	76.71	25.10	45.80
	平旺乡	70.06	15.54	44.59
	鸦儿崖乡	66.73	12.96	39.50
土壤类型	潮土	90.02	8.22	46.32
	粗骨土	76.71	9.08	24.84
	风沙土	73.38	19.84	46.11
	栗钙土	86.69	6.50	34.24
	盐土	80.04	7.36	53.31

（续）

类别		有效硫		
		最大值	最小值	平均值
成土母质	洪积物	90.02	12.00	46.54
	黄土母质	46.68	15.54	31.36
	冲积物	83.36	6.50	35.07
地形部位	低山丘陵坡地	56.75	10.80	37.29
	河流一级、二级阶地	90.02	6.50	39.02
	丘陵低山中、下部及坡麓平坦地	73.38	6.50	28.73
	山地、丘陵（中、下）部的缓坡地段，地面有一定的坡度	76.71	9.94	37.26

备注：以上统计结果依据 2009 年—2011 年大同南郊区测土配方施肥项目土样化验结果。

二、分级论述

有效硫　南郊区耕地土壤有效硫分级面积见表 3-28。

一级　有效硫含量>200.0 毫克/千克，全区无分布。

二级　有效硫含量 100.1～200.0 毫克/千克，全区无分布。

三级　有效硫含量为 50.1～100 毫克/千克，面积为 110 119.55 亩，占总耕地面积的 31.40%。分布在全区各乡（镇），以西韩岭乡面积较大。

四级　有效硫含量在 25.1～50 毫克/千克，面积为 187 705.35 亩，占总耕地面积的 53.52%。广泛分布在全区各个乡（镇）。

五级　有效硫含量 12.1～25.0 毫克/千克，面积为 43 064.44 亩。占总耕地面积的 12.28%。广泛分布在全区各个乡（镇）。

六级　有效硫含量≤12.0 毫克/千克，面积为 9 819.13 亩。占总耕地面积的 2.80%。主要分布在高山、云冈等地。

表 3-28　南郊区耕地土壤有效硫分级面积

有效硫分级	一级	二级	三级	四级	五级	六级
面　积（亩）	0	0	110 119.55	187 705.35	43 064.44	9 819.13
占耕地的比例（%）	0	0	31.40	53.52	12.28	2.80

注：表中统计结果依据 2009—2011 年大同南郊区测土配方施肥项目土样化验结果。

第四节　微量元素

土壤微量元素的表达方式以各统计单元养分汇总结果的算术平均值和标准差来表示，分别以单体 Cu、Zn、Mn、Fe、B 表示。表示单位为毫克/千克。

土壤微量元素参照山西省第二次土壤普查的标准，结合南郊区土壤养分含量状况重新进行划分，各分6个级别（表3-22）。

一、含量与分布

（一）有效铜

南郊区土壤有效铜含量变化范围为0.24～3.44毫克/千克，平均值1.05毫克/千克，属三级水平。南郊区大田土壤有效铜统计见表3-29。

（1）不同行政区域：新旺乡耕层土壤有效铜含量最高，平均值为1.79毫克/千克；其次是水泊寺乡，平均值为1.50毫克/千克；最低是云岗镇，平均值为0.62毫克/千克。

（2）不同土壤类型：风沙土耕层土壤有效铜含量最高，平均值为1.52毫克/千克；其次是潮土，平均值为1.27毫克/千克；粗骨土最低，平均值为0.83毫克/千克。

（3）不同成土母质：冲积物耕层土壤有效铜含量最高，平均值为1.1毫克/千克；黄土母质最低，平均值为0.56毫克/千克。

（4）不同地形部位：河流一级、二级阶地耕层土壤有效铜含量高，为1.12毫克/千克；低山丘陵坡地，山地、丘陵（中、下）部的平坦地段耕层有效铜含量最低，平均值为0.84毫克/千克。

（二）有效锌

南郊区土壤有效锌含量变化范围为0.29～3.80毫克/千克，平均值为1.22毫克/千克，属三级水平。南郊区大田土壤有效锌统计见表3-29。

（1）不同行政区域：新旺乡耕层土壤有效锌含量最高，平均值为1.68毫克/千克；其次是平旺乡，平均值为1.65毫克/千克；最低是鸦儿崖乡，平均值为0.97毫克/千克。

（2）不同土壤类型：风沙土耕层土壤有效锌含量最高，平均值为1.57毫克/千克；其次是潮土，平均值为1.3毫克/千克；粗骨土最低，平均值为0.99毫克/千克。

（3）不同成土母质：黄土母质耕层土壤有效锌含量最高，平均值为1.44毫克/千克；冲积物和洪积物最低，平均值分别为1.23毫克/千克和1.22毫克/千克。

（4）不同地形部位：河流一级、二级阶地耕层土壤有效锌含量高，为1.27毫克/千克；山地、丘陵（中、下）部的缓坡地段耕层有效锌含量最低，平均值为1.01毫克/千克。

表3-29　南郊区大田土壤养分有效铜和有效锌统计

单位：毫克/千克

类别		有效铜			有效锌		
		最大值	最小值	平均值	最大值	最小值	平均值
行政区域	古店镇	1.54	0.67	1.08	2.30	0.80	1.03
	高山镇	1.23	0.42	0.64	1.80	0.57	1.02
	云冈镇	0.80	0.24	0.62	3.10	0.54	1.31
	口泉乡	2.14	0.48	0.88	2.90	0.36	1.29
	新旺乡	2.53	1.04	1.79	2.30	1.20	1.68
	水泊寺乡	2.95	0.80	1.50	2.50	0.77	1.35

（续）

类别		有效铜			有效锌		
		最大值	最小值	平均值	最大值	最小值	平均值
行政区域	马军营乡	3.44	0.73	1.35	3.80	0.86	1.63
	西韩岭乡	2.72	0.38	1.17	2.70	0.46	1.10
	平旺乡	2.01	0.57	1.22	2.50	1.01	1.65
	鸦儿崖乡	1.80	0.67	1.09	2.30	0.29	0.97
土壤类型	潮土	3.44	0.57	1.27	3.80	0.64	1.30
	粗骨土	1.46	0.48	0.83	2.50	0.36	0.99
	风沙土	2.36	0.42	1.52	3.60	0.51	1.57
	栗钙土	2.72	0.24	1.00	2.99	0.29	1.19
	盐土	2.27	0.54	1.00	2.20	0.67	1.04
成土母质	洪积物	2.14	0.46	0.83	2.90	0.43	1.23
	黄土母质	0.60	0.49	0.56	2.10	1.07	1.44
	冲积物	3.44	0.24	1.10	3.80	0.29	1.22
地形部位	低山丘陵坡地	1.46	0.54	0.84	2.50	0.51	1.09
	河流一级、二级阶地	3.44	0.24	1.12	3.80	0.46	1.27
	丘陵低山中、下部及坡麓平坦地	2.85	0.38	0.84	3.40	0.33	1.08
	山地、丘陵（中、下）部的缓坡地段，地面有一定的坡度	1.73	0.48	0.99	2.70	0.29	1.01

注：表中统计结果依据2009—2011年大同南郊区测土配方施肥项目土样化验结果。

（三）有效锰

南郊区土壤有效锰含量变化范围为2.18～19.33毫克/千克，平均值为6.51毫克/千克，属四级水平，南郊区大田土壤有效锰统计见表3-30。

（1）不同行政区域：平旺乡耕层土壤有效锰含量最高，平均值为8.27毫克/千克；其次是鸦儿崖乡，平均值为7.69毫克/千克；最低是水泊寺乡，平均值为4.53毫克/千克。

（2）不同土壤类型：粗骨土耕层土壤有效锰含量最高，平均值为7.22毫克/千克；其次是栗钙土，平均值为6.58毫克/千克；潮土最低，平均值为5.96毫克/千克。

（3）不同成土母质：黄土母质耕层土壤有效锰含量最高，平均值为7.5毫克/千克；洪积物最低，平均值为6.29毫克/千克。

（4）不同地形部位：山地、丘陵（中、下）部的缓坡地段耕层有效锰含量最高，平均值为7.7毫克/千克；河流一级、二级阶地耕层土壤有效锰含量低，平均值为6.25毫克/千克。

（四）有效铁

南郊区土壤有效铁含量变化范围为2.67～18.00毫克/千克，平均值为6.41毫克/千克，属四级水平。南郊区大田土壤有效铁统计见表3-30。

（1）不同行政区域：新旺乡耕层土壤有效铁含量最高，平均值为8.94毫克/千克；其次是平旺乡，平均值为8.1毫克/千克；最低是高山镇，平均值为5.0毫克/千克。

（2）不同土壤类型：风沙土耕层土壤有效铁含量最高，平均值为 7.51 毫克/千克；其次是潮土，平均值分别为 7.50 毫克/千克；粗骨土最低，平均值为 5.87 毫克/千克。

（3）不同成土母质：黄土母质耕层土壤有效铁含量最高，平均值为 7.64 毫克/千克；冲积物最低，平均值为 6.34 毫克/千克。

（4）不同地形部位：河流一级、二级阶地耕层土壤有效铁含量高，为 6.67 毫克/千克；山地、丘陵（中、下）部的缓坡地段耕层有效铁含量最低，平均值为 5.45 毫克/千克。

表 3-30　南郊区大田土壤养分有效铁和有效锰统计

单位：毫克/千克

类别		有效铁			有效锰		
		最大值	最小值	平均值	最大值	最小值	平均值
行政区域	古店镇	9.33	3.17	6.99	7.67	4.04	6.52
	高山镇	9.66	3.50	5.00	10.33	5.00	7.23
	云冈镇	12.33	2.67	5.33	10.33	4.58	7.28
	口泉乡	16.00	4.17	7.71	19.33	2.18	6.71
	新旺乡	12.00	6.00	8.94	10.33	3.78	7.08
	水泊寺乡	13.00	2.84	5.93	8.34	2.98	4.53
	马军营乡	15.01	3.34	7.82	12.33	3.78	7.48
	西韩岭乡	13.00	3.83	6.65	8.34	2.98	5.04
	平旺乡	18.00	3.83	8.10	12.33	6.34	8.27
	鸦儿崖乡	8.33	4.17	5.53	12.33	4.84	7.69
土壤类型	潮土	18.00	2.84	7.50	12.33	3.25	5.96
	粗骨土	9.33	3.50	5.87	11.00	5.67	7.22
	风沙土	13.00	4.17	7.51	11.67	3.25	6.19
	栗钙土	14.33	2.67	6.07	19.33	2.18	6.58
	盐土	12.33	4.33	6.94	10.33	3.51	6.19
成土母质	洪积物	16.00	3.50	6.75	10.33	2.18	6.29
	黄土母质	13.00	3.83	7.64	8.34	6.34	7.50
	冲积物	18.00	2.67	6.34	19.33	2.98	6.54
地形部位	低山丘陵坡地	11.67	4.50	5.97	9.67	5.67	7.28
	河流一级、二级阶地	18.00	2.67	6.67	19.33	2.18	6.25
	丘陵低山中、下部及坡麓平坦地	16.00	3.17	5.59	12.33	4.04	7.29
	山地、丘陵（中、下）部的缓坡地段，地面有一定的坡度	13.33	3.67	5.45	14.33	4.84	7.70

注：表中统计结果依据 2009—2011 年大同南郊区测土配方施肥项目土样化验结果。

（五）有效硼

南郊区土壤有效硼含量变化范围为 0.25～1.64 毫克/千克，平均值为 0.64 毫克/千克，属四级水平。南郊区大田土壤有效硼统计见表 3-31。

（1）不同行政区域：古店镇耕层土壤有效硼含量最高，平均值为1.06毫克/千克；其次是平旺乡，平均值为0.83毫克/千克；最低是云岗镇和高山镇，平均值为0.5毫克/千克。

（2）不同土壤类型：粗骨土耕层土壤有效硼含量最高，平均值为0.77毫克/千克；其次是潮土，平均值为0.71毫克/千克；栗钙土最低，平均值为0.61毫克/千克。

（3）不同成土母质：不同成土母质耕层土壤有效硼含量差异不大，其中洪积物和冲积物耕层土壤有效硼含量最高，平均值分别为0.65毫克/千克和0.64毫克/千克；黄土母质最低，平均值为0.6毫克/千克。

（4）不同地形部位：河流一级、二级阶地耕层土壤有效硼含量高，平均值为0.66毫克/千克;低山丘陵坡地，山地、丘陵（中、下）部的平坦地段耕层有效硼含量最低，平均值为0.57毫克/千克。

表3-31 南郊区大田土壤养分水溶性硼统计

类别		有效硼（毫克/千克）		
		最大值	最小值	平均值
行政区域	古店镇	1.64	0.35	1.06
	高山镇	0.67	0.35	0.50
	云冈镇	0.83	0.33	0.50
	口泉乡	0.96	0.37	0.67
	新旺乡	1.04	0.57	0.80
	水泊寺乡	1.04	0.29	0.55
	马军营乡	1.10	0.46	0.73
	西韩岭乡	1.20	0.25	0.61
	平旺乡	1.10	0.42	0.83
	鸦儿崖乡	0.73	0.44	0.58
土壤类型	潮土	1.64	0.37	0.71
	粗骨土	1.33	0.38	0.77
	风沙土	1.00	0.35	0.70
	栗钙土	1.33	0.25	0.61
	盐土	1.10	0.42	0.68
成土母质	洪积物	1.20	0.37	0.65
	黄土母质	0.77	0.42	0.60
	冲积物	1.64	0.25	0.64
地形部位	低山丘陵坡地	0.70	0.46	0.57
	河流一级、二级阶地	1.64	0.25	0.66
	丘陵低山中、下部及坡麓平坦地	1.33	0.33	0.59
	山地、丘陵（中、下）部的缓坡地段，地面有一定的坡度	0.80	0.40	0.57

注：表中统计结果依据2009—2011年大同南郊区测土配方施肥项目土样化验结果。

二、分级论述

（一）有效铜

一级　有效铜含量>2.0 毫克/千克，面积为 12 642.2 亩，占总耕地面积的 3.61%。主要分布于马军营乡和新旺乡等乡（镇）。

二级　有效铜含量在 1.51～2.0 毫克/千克，面积为 37 007.14 亩，占总耕地面积的 10.55%。广泛分布在全区各个乡（镇）。

三级　有效铜含量在 1.01～1.50 毫克/千克，面积为 131 701.5 亩，占总耕地面积的 37.55%。广泛分布在全区各个乡（镇）。

四级　有效铜含量在 0.51～1.00 毫克/千克，面积为 163 307.33 亩，占总耕地面积的 46.56%。广泛分布在全区各个乡（镇）。

五级　有效铜含量 0.21～0.50 毫克/千克。面积为 6 050.3 亩，占总耕地面积的 1.73%。

六级　有效铜含量≤0.20 毫克/千克，全区无分布。

（二）有效锰

一级　有效锰含量>30 毫克/千克，全区无分布。

二级　有效锰含量在 20.01～30 毫克/千克，全区无分布。

三级　有效锰含量在 15.01～20 毫克/千克，面积为 55.11 亩，占总耕地面积的 0.02%。零星分布在全区各个乡（镇）。

四级　有效锰含量在 5.01～15.00 毫克/千克，面积为 249 531.5 亩，占总耕地面积的 71.15%。分布在全区各乡（镇），鸦儿崖乡分布面积最大。

五级　有效锰含量在 1.01～5.00 毫克/千克，面积为 101 121.86 亩，占总耕地面积的 28.83%。广泛分布在全区各个乡（镇）。

六级　有效锰含量小于 1.00 毫克/千克，全区无分布。

（三）有效锌

一级　有效锌含量>3.00 毫克/千克，面积为 1 399.46 亩，占总耕地面积的 0.40%。主要分布于新旺乡和平旺乡。

二级　有效锌含量在 1.51～3.00 毫克/千克，面积为 86 831.22 亩，占总耕面积的 24.76%。分布于平旺等乡（镇）。

三级　有效锌含量在 1.01～1.50 毫克/千克，面积为 141 069.52 亩，占总耕地面积的 40.22%。广泛分布在全区各个乡（镇）。

四级　有效锌含量在 0.51～1.00 毫克/千克，面积为 119 271.9 亩，占总面积的 34.01%。主要分布于马军营等乡（镇）。

五级　有效锌含量在 0.31～0.50 毫克/千克，面积为 2 123.27 亩，占总面积的 0.61%。主要分布于云岗镇和高山镇。

六级　有效锌含量≤0.31 毫克/千克，面积为 13.1 亩，零星分布于南郊区各乡（镇）。

（四）有效铁

一级　有效铁含量>20.00 毫克/千克，全区无分布。

二级　有效铁含量在 15.01～20.00 毫克/千克，面积为 141.32 亩，占总耕地面积的 0.04%。主要分布在口泉乡、平旺乡。

三级　有效铁含量在 10.01～15.00 毫克/千克，面积为 18 878.15 亩，占总耕地面积的 5.38%。主要分布在西韩岭乡、云岗镇和新旺乡。

四级　有效铁含量在 5.01～10.00 毫克/千克，面积为 267 581.80 亩，占总耕地面积的 76.3%。广泛分布在全区各个乡（镇）。

五级　有效铁含量在 2.51～5.00 毫克/千克，面积为 64 107.20 亩，占总耕地面积的 18.28%。主要分布在鸦儿崖乡、高山镇和水泊寺乡。

六级　有效铁含量≤2.50 毫克/千克，全区无分布。

（五）有效硼

一级　有效硼含量>2.00 毫克/千克，全区无分布。

二级　有效硼含量在 1.51～2.00 毫克/千克，面积为 132.79 亩，占总耕地面积的 0.04%。主要分布在古店镇。

三级　有效硼含量在 1.01～1.50 毫克/千克，面积为 17 081.01 亩，占总耕地面积的 4.87%。主要分布在西韩岭乡、平旺乡和新旺乡。

四级　有效硼含量在 0.51～1.00 毫克/千克，面积为 251 317.60 亩，占总耕地面积的 71.66%。广泛分布于全区各乡（镇）。

五级　有效硼含量在 0.21～0.50 毫克/千克，面积为 82 177.07 亩，占总耕地面积的 23.43%。主要分布在云冈镇、口泉和高山镇。

六级　有效硼含量≤0.20 毫克/千克，全区无分布。

南郊区耕地土壤微量元素分级面积及占总耕地面积的比例见表 3-32。

表 3-32　南郊区耕地土壤微量元素分级面积及占总耕地面积的比例

项目		一级	二级	三级	四级	五级	六级
有效锰（毫克/千克）	面积（亩）	0	0	55.11	249 531.50	101 121.86	0
	占总耕地面积（%）	0	0	0.02	71.15	28.83	0
有效硼（毫克/千克）	面积（亩）	0	132.79	17 081.01	251 317.60	82 177.07	0
	占总耕地面积（%）	0	0.04	4.87	71.66	23.43	0
有效铁（毫克/千克）	面积（亩）	0	141.32	18 878.15	267 581.80	64 107.20	0
	占总耕地面积（%）	0	0.04	5.38	76.30	18.28	0
有效铜（毫克/千克）	面积（亩）	12 642.20	37 007.14	131 701.5	163 307.33	6 050.30	0
	占总耕地面积（%）	3.61	10.55	37.55	46.56	1.73	0
有效锌（毫克/千克）	面积（亩）	1 399.46	86 831.22	141 069.52	119 271.90	2 123.27	13.10
	占总耕地面积（%）	0.40	24.76	40.22	34.01	0.61	0

注：表中统计结果依据 2009—2011 年大同南郊区测土配方施肥项目土样化验结果。

第五节　其他理化性状

一、土壤 pH

南郊区耕地土壤 pH 变化范围为 7.97～8.59，平均值为 8.36（表 3-33）。

（1）不同行政区域：不同行政区域 pH 变化不大，其中水泊寺乡耕层土壤 pH 最高，平均值为 8.4；最低是鸦儿崖乡，平均值为 8.22。

（2）不同土壤类型：不同土壤类型耕层土壤的 pH 差异也不明显，其中盐土耕层土壤 pH 最高，平均值为 8.41；粗骨土最低，平均值为 8.26。

（3）不同成土母质：不同成土母质耕层土壤有效硼含量差异不大，其中黄土母质耕层土壤 pH 最高，平均值为 8.39；冲积物最低，平均值为 8.3。

（4）不同地形部位：河流一级、二级阶地耕层 pH 最高，平均值为 8.33；低山丘陵坡地，山地、丘陵（中、下）部的平坦地段耕层 pH 最低，平均值为 8.25。

表 3-33　南郊区大田土壤养分 pH 统计

类别		pH		
		最大值	最小值	平均值
行政区域	古店镇	8.44	8.05	8.24
	高山镇	8.52	8.20	8.28
	云冈镇	8.36	8.12	8.24
	口泉乡	8.59	8.05	8.38
	新旺乡	8.44	8.12	8.29
	水泊寺乡	8.59	8.20	8.40
	马军营乡	8.52	7.97	8.29
	西韩岭乡	8.59	8.05	8.38
	平旺乡	8.52	7.97	8.31
	鸦儿崖乡	8.36	8.05	8.22
土壤类型	潮土	8.59	7.97	8.35
	粗骨土	8.44	8.12	8.26
	风沙土	8.52	8.05	8.33
	栗钙土	8.59	7.97	8.30
	盐土	8.52	8.20	8.41
成土母质	洪积物	8.59	8.12	8.37
	黄土母质	8.52	8.28	8.39
	冲积物	8.59	7.97	8.30

（续）

类别		pH		
		最大值	最小值	平均值
地形部位	低山丘陵坡地	8.44	8.12	8.26
	河流一级、二级阶地	8.59	7.97	8.33
	丘陵低山中、下部及坡麓平坦地	8.59	8.05	8.25
	山地、丘陵中、下部的缓坡地段，地面有一定的坡度	8.44	8.12	8.25

备注：以上统计结果依据2009—2011年大同南郊区测土配方施肥项目土样化验结果。

二、耕层质地

土壤质地是土壤物理性状之一，指土壤中不同大小直径的矿物颗粒的组合状况。土壤质地与土壤通气、保肥、保水状况及耕作的难易有密切关系；土壤质地状况是拟定土壤利用、管理和改良措施的重要依据。肥沃的土壤不仅要求耕层的质地良好，还要求有良好的质地剖面。虽然土壤质地主要决定于成土母质类型，有相对的稳定性，但耕作层的质地仍可通过耕作、施肥等活动进行调节。土壤质地亦称土壤机械组成，指不同粒径在土壤中占有的比例组合。根据卡庆斯基质地分类，粒径大于0.01毫米为物理性沙粒，小于0.01毫米为物理性黏粒。根据其沙黏含量及其比例，主要分为沙土、沙壤、轻壤、中壤、重壤、黏土6级。

南郊区由于地处黄土丘陵区，土壤侵蚀严重，土壤表层黏粒极易被风侵蚀，沙壤和轻壤的比例占到30.7%，成土母质黄土类物质占有相当大的比例。黄土母质被侵蚀后，红黄土母质、第三季红黏土和紫色页岩等出露地表，与黄土母质共同发育的土壤，中壤比例较大，约占总耕地面积的62.4%。大部分耕地植被覆盖率低，地形处在风口之下，土壤风蚀特别严重，黏粒大部分被风刮走，耕层质地成为沙土；另一少部分土壤本身就是风沙母质形成的土壤，耕层质地也为沙土，表层为沙土的耕地近几年大部分已经退耕还林，所以耕地中沙土的比例和第二次土壤普查相比，由4.8%下降到现在的3.5%。耕层土壤质地面积比例见表3-34。

表3-34　南郊区土壤耕层质地概况

质地类型	耕种土壤（万亩）	占总耕地面积（%）
沙土	1.227	3.5
沙壤	3.402	9.7
轻壤	7.365	21.0
中壤	21.884	62.4
重壤	1.192	3.4
合计	35.07	100.00

注：表中统计结果依据2009—2011年大同南郊区测土配方施肥项目土样化验结果。

从表3-32可知，南郊区中壤面积最大，占总耕地面积的62.4%；其次为轻壤和沙壤，二者分别占总耕地面积的21%和9.7%。中壤或轻壤（俗称绵土）物理性黏粒大于50%，沙黏适中，大小孔隙比例适当，通透性好，保水保肥，养分含量丰富，有机质分解快，供肥性好，耕作方便，通耕期早，耕作质量好，发小苗亦发老苗。因此，一般壤质土、水、肥、气、热比较协调。从质地上看，南郊区土壤质地良好，是农业上较为理想的土壤。

沙土占南郊区总耕地面积的3.5%，其物理性沙粒高达80%以上。土质较沙，疏松易耕，粒间孔隙度大，通透性好，但保水保肥性能差，抗旱力弱，供肥性差，前劲强后劲弱，发小苗不发老苗。建议最好进行退耕还林还草，植树造林，种植牧草，固土固沙，改善生态环境，或者掺和第三纪红黏土，以黏改沙。

重壤土占到3.4%，土壤物理性黏粒（<0.01毫米）高达45%以上，土壤黏重致密，难耕作，易耕期短，保肥性强，养分含量高，但易板结，通透性能差，土体冷凉坷垃多，不养小苗，易发老苗。建议以沙改黏，掺和沙土，种植多年生绿肥，促进土壤团粒结构的形成，改善土壤的通透性。

三、土体构型

土体构型是指各土壤发生层有规律的组合、有序的排列状况，也称为土壤剖面构型，是土壤剖面最重要特征。

良好的土体构型含有黏质垫层类型中的深位黏质垫层型、均质类型中的均壤型、夹层类型中的蒙金型，其特点是土层深厚，无障碍层。

较差的土体构型含有夹层类型中的夹沙型、沙体型和薄层类型中的薄层型等，其特点是对土壤水、肥、气、热等各个肥力因素有制约和调节作用，特别是对土壤水、肥储藏与流失有较大影响。因此，良好的土体构型是土壤肥力的基础。

南郊区耕作的土体构型可概分三大类，即通体型、夹层型和薄层型。

1. 通体型 土体深厚，全剖面上下质地基本均匀，在本区占有相当大的比例。

（1）通体沙壤型（包括少部分通体沙土型）：分布在黄土丘陵风口、洪积扇、倾斜平原及一级阶地上。质地粗糙，土壤黏结性差，有机物质分解快，总空隙少，通气不良，土温变化迅速，保供水、肥能力较差，因而肥力低。

（2）通体轻壤型：发育于黄土质及黄土状母质和近代河流冲积物母质上，层次很不明显。保供水能力较好，土温变化不大，水、肥、气、热诸因素的关系较为协调。

（3）通体中壤型：发育在红土母质、红黄土母质、河流沉积物母质上。除表层因耕作熟化质地变得较为松软外，通体颗粒排列致密紧实。尤其是犁底层坚实明显，耕作比较困难；土温变化小而性冷，保水、保肥能力好，但供水、供肥能力较差，不利于捉苗和小苗生长。若适当进行掺沙改黏，结合深耕打破犁底层，就会将不利性状变为有利因素。

（4）通体沙砾质型：发育在洪积扇、山地及丘陵上，全剖面以沙砾石为主。土体中缺乏胶体，土壤黏结性很差，漏水漏肥。有机质分解快，保供水、肥能力差，严重影响耕作及作物的生长发育。

2. 夹层型 即土体中间夹有一层较为悬殊的质地。在本区也有一定量的分布。

（1）浅位夹层型：即在土体内离地表50厘米以上、20～50厘米出现的夹层。

①浅位夹白干型。白干层是南郊区土壤较多存在的土壤层次，多分布在黄土状、河流沉积物母质上。活土层疏松多孔，有机质转化快，宜耕好种，利于小苗生长，但是心土层紧实黏重，土壤通透性差，限制作物根系下扎，影响作物生长发育。须结合深耕加厚活土层，尤其盐碱地上出现这种土体构型，给盐碱地改造带来很大不便。

②浅位夹沙砾石型。分布于洪积物母质上。表层土壤利于作物生长，但心土层不仅漏水、漏肥，而且限制作物根系下扎。在今后的耕作管理种植上一定要注意。

（2）深位夹层型：即在 50 厘米以下出现的夹层。

①深位夹黏型和深位夹白干型。多出现在灌淤母质、河流冲积母质及黄土状母质上。这种土体构型表层疏松多孔，有机质转化快，宜耕宜种，有利于作物生长发育。表层和心土层质地适中，有利于作物根系下扎、伸展及蓄水保肥；底土层黏重坚实，托水保肥，作物生长后期水肥供应充足，这就保证了作物在整个生育期对水、肥、气、热的需要，是本区理想的土壤，也称“蒙金型”。但是盐渍化土壤出现这种土体构型不利于盐渍化土壤的改良。

②深位夹砾石型。多分布于洪积扇的上部，土体内砾石较多，分选性差。此种土体构型的表层和心土层均利于作物生长发育，但底土层漏水、漏肥比较严重。因而在灌水方面切忌超量灌溉，应该进行土地平整，做到均匀灌溉，控制每次的灌水数量，以防土壤养分随水分渗漏流失。

3. 薄层型　土体厚度一般在 40 厘米左右，发育于残积母质上的山地土壤，即本区的沙土区出现薄层型土体构型。土体内含有不同程度的基岩半风化物——沙砾石，影响耕作及作物根系的下扎和生长发育，在本区耕地面积较小，多数已经退耕还林。

四、土壤结构

土壤结构是指土壤颗粒的排列形式，孔隙大小分配性及其稳定程度，它直接关系着土壤水、肥、气、热的协调，土壤微生物的活动，土壤耕性的好坏和作物根系的伸展，是影响土壤肥力的重要因素。

1. 耕地土壤结构　南郊区耕地土壤结构较差，主要表现如下：

（1）耕作层（表土层）：该土层薄，结构表现为屑粒状、块状、团块状，团粒结构很少，只有在菜园土壤中才能出现，不利于土壤水、肥、气、热的协调，影响作物的生长。主要原因是南郊区土壤有机质和腐殖质含量不高，土壤熟化程度较低，土壤腐殖质化程度低，难以形成团粒结构，更多呈现土壤母质的原来特性，尤其黄土丘陵的低产地块耕作层表现如此。

（2）犁底层：由于机械、水力、耕作方式等作用影响，耕作层（表土层）下面大都有坚实的犁底层存在，且犁底层出现的比较浅，一般在 15 厘米左右，多为片状或鳞状结构，厚度 10～15 厘米，在很大程度上妨碍通气透水和根系下扎，但是也减少了养分的流失。

（3）心土层：在犁底层之下，厚 20～30 厘米，多为块状、棱块状、片状、核状结构。

（4）底土层：指土质剖面中 50 厘米以下的土层，即一般所说的生土层。结构由土壤母质决定，多为块状、核状结构。

2. 土壤结构不良的原因

（1）耕作层坷垃较多：主要表现在耕层质地黏重的红土、红黄土和以苏打为主要盐分的盐碱地上，“湿时一团糟，干时像把刀”，极易形成坷垃。这类土壤因有机质含量低，土壤耕性差，宜耕期短，耕耙稍有不适时，即形成大小不等的坷垃，影响作物出苗和幼苗生长。

（2）耕作层容易板结：在雨后或灌水后容易发生，其主要原因是轻壤和中壤是土壤质地均一较细所致，重壤和黏土是土壤中黏粒较多之故，沙壤和沙土是因为土壤中有机质含量低，土壤团聚体不是以有机物为胶结剂，而是以无机物碳酸盐为胶结剂。近年来，大量使用无机化肥，有机肥用量减少，也是造成土壤板结的原因之一。土壤板结不仅使土壤紧密，影响幼苗出土和生长，而且还影响通气状况，加速水分蒸发。

（3）位置较浅而坚实的犁底层：由于长期人为耕作的影响，在活土层下面形成了厚而坚实的犁底层，阻碍土体内上下层间水、肥、气、热的交流和作物根系的下扎。使根系对水分、养分等的吸收受到了限制，从而导致作物既不易耐旱而又容易倒伏，影响作物产量。

为了适应作物生长发育的要求并充分发挥土壤肥力的效应，要求土壤应具有比较适宜的结构状况，即土壤上虚下实，呈小团粒状态，松紧适当，耕性良好，因此，创造良好的土壤结构是夺取高产稳产的重要条件，

3. 土壤结构不良的改良办法　一是改善生态条件，减少土壤的风蚀和水蚀，使土壤有一个相对稳定的成土过程；二是增加有机肥和有机物质的用量，加速土壤的腐殖质化过程，增加土壤的腐殖质含量，促进土壤结构的形成和改善；三是改变不合理的耕作方法，加大机械化耕作，增加耕层深度，打破犁底层，增加活土层的厚度，做到适时耕作，减少坷垃的形成。

第六节　耕地土壤属性综述与养分动态变化

一、土壤养分现状分析

1. 耕地土壤属性综述　南郊区5 000个样点测定结果表明，耕地土壤有机质范围为5.34～36.82克/千克，平均含量为21.24克/千克；全氮为0.38～1.92克/千克，平均含量为0.91克/千克；碱解氮范围为88.4～577.61毫克/千克，平均含量为106.6毫克/千克；全磷范围为4.16～30.82克/千克，平均含量为10.27克/千克；有效磷范围为2.18～20.82毫克/千克，平均含量为11.10毫克/千克；全钾范围为77.13～143.47克/千克，平均含量为122.3克/千克；缓效钾范围为336.49～1 100.30毫克/千克，平均含量为670.53毫克/千克；速效钾范围为80.89～232.94毫克/千克，平均含量为130.10毫克/千克；有效铜范围为0.24～3.44毫克/千克，平均含量为1.05毫克/千克；有效锌范围为0.29～3.80毫克/千克，平均含量为1.22毫克/千克；有效铁范围为2.67～8.00毫克/千克，平均含量为6.41毫克/千克；有效锰范围为2.18～9.33毫克/千克，平均值为6.51毫克/千克；有效硼范围为0.25～1.64毫克/千克，平均含量为0.64毫克/千克；有

效钼范围为 0.06～0.41 毫克/千克，平均含量为 0.24 毫克/千克；pH 范围为 7.97～8.59，平均值为 8.31；有效硫范围为 6.50～90.02 毫克/千克，平均含量为 36.77 毫克/千克；水溶性盐范围为 0.1～20.59 克/千克，平均值为 1.7 克/千克。见表 3-35。

表 3-35　南郊区耕地土壤属性总体统计结果

项目	点位数（个）	平均值	最小值	最大值
有机质（克/千克）	5 000	21.24	5.34	36.82
全氮（克/千克）	5 000	0.91	0.38	1.92
碱解氮（毫克/千克）	5 000	106.6	88.4	577.61
全磷（克/千克）	5 000	10.27	4.16	30.82
有效磷（毫克/千克）	5 000	11.10	2.18	20.82
全钾（克/千克）	5 000	122.3	77.13	143.47
缓效钾（毫克/千克）	5 000	670.53	336.49	1 100.30
速效钾（毫克/千克）	5 000	130.10	80.89	232.94
有效铜（毫克/千克）	1 400	1.05	0.24	3.44
有效锌（毫克/千克）	1 400	1.22	0.29	3.80
有效铁（毫克/千克）	1 400	6.41	2.67	18.00
有效锰（毫克/千克）	1 400	6.51	2.18	19.33
有效硼（毫克/千克）	1 400	0.64	0.25	1.64
有效钼（毫克/千克）	1 400	0.24	0.06	0.41
pH	5 000	8.31	7.97	8.59
有效硫（毫克/千克）	1 400	36.77	6.50	90.02
水溶性盐（克/千克）	5 000	1.7	0.1	20.59

注：表中统计结果依据 2009—2011 年大同南郊区测土配方施肥项目土样化验结果。

二、土壤养分变化趋势分析

随着农业生产的发展及施肥、耕作经营管理水平的变化，耕地土壤有机质及大量元素也随之变化。与 1984 年全国第二次土壤普查时的耕层养分测定结果相比，土壤有机质增加了 2.31 克/千克，全氮增加了 0.21 克/千克，速效钾增加了 34 毫克/千克。这反映了南郊区近 30 年来耕作施肥的变化规律是农用化肥快速增减的 30 年，也是农作物产量快速增加的 30 年。作物产量提高，根茬、秸秆大量增加，畜牧业发展迅速，秸秆过腹还田的数量增加，土壤有机物质投入增加，使得土壤有机质和土壤全氮增加；从 1984 年山区大面积退耕还林，山区土壤有机质较低、有效磷较高，使得土壤有效磷增加，实际上平川中高产地块有效磷增加明显，如口泉、西韩岭、马军营乡（镇）的有效磷和 1984 年土壤普查相比较，分别增加 0.4 毫克/千克、0.5 毫克/千克和 0.6 毫克/千克。

总体来说，南郊区土壤养分水平较低，大部分土壤养分处在低和极低的水平之下。有机质中等及中等以下占总耕地面积的 88.96%，极低比例为 3%；全氮中等及以下水平占总耕地面积的 72.4%，碱解氮低水平占总耕地面积的 30%，有效磷极低水平占总耕地面积的 5.7%，速效钾低水平占到总耕地面积的 40.5%，磷素严重不足是南郊区农作物产量的主要限制因素。大量补充土壤的磷元素，增加磷化肥的使用量，是今后一个时期增加农作物产量，提高耕地产出的最有效途径。

第四章　耕地地力评价

第一节　耕地地力分级

一、面积统计

大同市南郊区耕地面积 35.070 8 万亩，其中，水浇地 14.240 8 万亩，占总耕地面积的 40.61%；旱地 17.039 6 万亩，占总耕地面积的 48.59%。按照地力等级的划分指标对照分级标准，确定每个评价单元的地力等级。南郊区耕地地力分级统计见表 4-1。

表 4-1　南郊区耕地地力分级统计

等级	生产性能综合指数	面积（亩）	占总耕地面积（%）
一	0.832 0～0.905 6	53 782.96	15.34
二	0.794 1～0.831 9	102 846.13	29.32
三	0.632 0～0.793 8	110 690.46	31.56
四	0.576 0～0.631 9	55 232.25	15.75
五	0.443 8～0.575 9	28 156.57	8.03
合计		350 708.47	100.00

二、地域分布

南郊区耕地主要分布在中部甘河、十里河等河流流域的河漫滩、河流间阶地的平川区，海拔高度1 050米左右，包括口泉、西韩岭、新旺、水泊寺、马军营、平旺等乡(镇)；北部山丘黄土丘陵地带的梯田、垣地、坡地、山前倾斜平原的洪积扇，海拔1 100～1 200 米，包括古店、雅儿崖、高山、云冈乡、口泉乡一部分。南郊区各乡（镇）地力等级分布面积见表 4-2。

表 4-2　南郊区各乡（镇）地力等级分布面积

乡（镇）	一级地		二级地		三级地		四级地		五级地		乡(镇)耕地面积合计(亩)
	面积（亩）	占该乡(镇)耕地面积(%)	面积（亩）	占该乡(镇)耕地面积(%)	面积（亩）	占该乡(镇)耕地面积(%)	面积（亩）	占该乡(镇)耕地面积(%)	面积（亩）	占该乡(镇)耕地面积(%)	
口泉	13 056.72	13.60	24 434.96	25.43	43 611.17	45.40	12 664.67	13.17	2 328.48	2.40	96 096
水泊寺	20 315.33	39.48	25 297.86	49.15	5 851.81	11.37	0	0	0	0	51 465
马军营	3 819.76	16.78	7 689.00	33.78	7 769.31	34.13	2 235.10	9.82	1 247.83	5.49	22 761
西韩岭	12 728.5	17.21	40 851.30	55.22	20 014.80	27.05	388.4	0.52	0	0	73 983

（续）

乡（镇）	一级地		二级地		三级地		四级地		五级地		乡（镇）耕地面积合计（亩）
	面积（亩）	占该乡（镇）耕地面积（%）	面积（亩）	占该乡（镇）耕地面积（%）	面积（亩）	占该乡（镇）耕地面积（%）	面积（亩）	占该乡（镇）耕地面积（%）	面积（亩）	占该乡（镇）耕地面积（%）	
平旺	3 350.49	29.58	0	0	4 446.73	39.25	2 377.41	20.99	1 153.37	10.18	11 328
高山	0	0	0	0	11 598.8	27.89	16 515.99	39.71	13 478.21	32.40	41 593
云冈	0	0	0	0	1 701.3	14.81	6 687.34	58.21	3 099.36	26.98	11 488
鸦儿崖	0	0	0	0	3 811.1	18.89	10 154.63	50.33	6 212.27	30.78	20 178
新旺	512.16	34.62	486.56	32.89	480.28	32.49	0	0	0	0	1 479
古店	0	0	4 086.45	20.09	11 405.16	56.06	4 208.71	20.69	637.15	3.16	20 337.47
合计	53 782.96	15.33	102 846.13	29.32	110 690.46	31.56	55 232.25	15.75	28 156.57	8.04	350 708.47

第二节　耕地地力等级分述

一、一 级 地

（一）面积和分布

本级耕地主要分布在南郊区平川区的口泉、水泊寺、马军营、西韩岭、平旺、新旺等乡（镇），面积为 53 782.96 亩，占总耕地面积的 15.34%。根据《全国耕地类型区、耕地地力等级划分》（NY/T 309—1996）比对，相当于国家的四级地。

（二）主要属性分析

本级耕地土地平整，土层深厚，沙黏适中，灌排方便，土壤肥沃，园田化水平高，是南郊区高产稳产田。主要种植作物以玉米、蔬菜为主。主要土壤类型为栗钙土，成土母质为冲积物。地面坡度为 1°～3°，耕层质地多为壤质土，土体构型为通体壤，无不良层次。有效土层厚度 120～130 厘米，平均为 125 厘米；耕层厚度为 20～30 厘米，平均为 25 厘米；pH 的变化范围 7.97～8.05，平均值为 8.33。无明显侵蚀，保水，地下水位浅且水质良好，灌溉保证率为充分满足。

本级耕地土壤有机质平均含量 30.18 克/千克，属省一级水平，比全区平均含量高 13.29 克/千克；有效磷平均含量为 20.88 毫克/千克，属省二级水平，比全区平均含量高 10.61 毫克/千克；速效钾平均含量为 163.61 毫克/千克，属省三级水平；全氮平均含量为 1.07 克/千克，属省三级水平，比全区平均含量高 0.29 克/千克，中量元素有效硫比全区平均含量高，微量元素铁、铜、锌较全区平均水平高。见表 4-3。

表 4-3　南郊区一级地土壤养分统计

项目	平均值	最大值	最小值	标准差	变异系数
有机质（克/千克）	30.18	36.82	11.66	15.48	0.43
有效磷（毫克/千克）	20.88	24.52	6.75	6.51	0.31

（续）

项目	平均值	最大值	最小值	标准差	变异系数
速效钾（毫克/千克）	163.61	232.94	67.33	47.32	0.29
pH	8.33	8.59	7.97	0.09	0.01
缓效钾（毫克/千克）	623.60	840.16	450.60	88.01	0.14
全氮（克/千克）	1.07	1.92	0.64	0.21	0.20
有效硫（毫克/千克）	45.66	86.69	21.56	12.75	0.28
有效锰（毫克/千克）	5.82	9.67	2.98	1.61	0.28
有效铁（毫克/千克）	7.63	12.00	3.67	1.93	0.25
有效铜（毫克/千克）	1.57	2.92	0.48	0.48	0.31
有效锌（毫克/千克）	1.56	2.7	0.67	0.37	0.24
有效硼（毫克/千克）	0.66	1.04	0.29	0.15	0.23

本级耕地农作物生产力较高，从农户调查表来看，主要种植玉米、蔬菜，玉米平均亩产在900千克以上，蔬菜平均亩收益在3 000元以上，效益显著，是南郊区重要的玉米、蔬菜生产基地。

（三）主要存在问题

盲目施肥现象严重，尽管土壤肥力较高，但肥料利用率较低，土壤的生产潜力没有充分发挥出来。土壤肥力的提高主要依赖于化肥的施用，长期施用造成土壤板结。有机肥施用不足影响了土壤团粒结构的形成，从而不利于土壤肥力的保持。施用肥料结构不合理，重氮轻磷，不能满足高产作物的需求。

（四）合理利用

除了施用氮肥外，适当增施有机肥、磷肥与钾肥。在作物品种上，攻高产玉米，大力发展设施农业，加快蔬菜生产发展。突出区域特色经济作物产业的开发。复种作物重点发展玉米、大豆间套。大力发展地膜覆盖以解决土壤干旱、气候寒冷等问题，优化测土配方施肥技术使化肥施用氮磷钾比例达到1：0.6：0.4。在保护土地方面，要用养结合。

二、二 级 地

（一）面积与分布

本级耕地主要分布在南郊区平川区的口泉、水泊寺、马军营、西韩岭、新旺、古店等乡（镇），面积约为102 846.13亩，占总耕地面积的29.33%。根据《全国耕地类型区、耕地地力等级划分》（NY/T 309—1996）比对，相当于国家的五级地。

（二）主要属性分析

本级耕地土地平整，土层深厚，沙黏适中，灌排方便，土壤肥沃，园田化水平高，是全区高产稳产田。主要种植作物以玉米、蔬菜为主。主要土壤类型为栗钙土、黄土状母质和河流冲积物。地面坡度为1°～3°，耕层质地多为壤质土，土体构型为通体壤，无不良层次。有效土层厚度120～130厘米，平均为125厘米；耕层厚度为20～30厘米，平均为

25 厘米；pH 的变化范围 7.97～8.59，平均值为 8.35。无明显侵蚀，保水，地下水位浅且水质良好，灌溉保证率为充分满足。

本级耕地土壤有机质平均含量 29.67 克/千克，属省一级水平；有效磷平均含量为 15.41 毫克/千克，属省三级水平；速效钾平均含量为 143.46 毫克/千克，属省四级水平；全氮平均含量为 0.93 克/千克，属省四级水平。见表 4-4。

表 4-4　南郊区二级地土壤养分统计

项目	平均值	最大值	最小值	标准差	变异系数
有机质（克/千克）	29.67	36.82	9.96	15.92	0.54
有效磷（毫克/千克）	15.41	24.52	3.83	5.85	0.38
速效钾（毫克/千克）	143.46	232.94	81.51	36.45	0.25
pH	8.35	8.59	7.97	0.10	0.01
缓效钾（毫克/千克）	615.88	1 000.30	400.80	83.84	0.14
全氮（克/千克）	0.93	1.73	0.56	0.18	0.2
有效硫（毫克/千克）	45.45	86.69	19.84	12.48	0.27
有效锰（毫克/千克）	5.80	10.33	2.98	1.11	0.29
有效硼（毫克/千克）	0.65	1.04	0.25	0.18	0.28
有效铁（毫克/千克）	7.17	12.01	3.34	1.97	0.27
有效铜（毫克/千克）	1.31	2.95	0.51	0.39	0.3
有效锌（毫克/千克）	1.34	3.8	0.46	0.45	0.34

本级耕地所在区域为深井灌溉区，是南郊区的粮、菜主产区。粮、菜地的经济效益较高，粮食生产水平较高，处于全区上游水平，玉米近 3 年平均亩产 800～900 千克。

（三）主要存在问题

肥料利用率较低，长期大量化肥的投入显著影响着土壤结构的形成，有机肥施用不足影响了土壤团粒结构的形成，从而影响着土壤的保水、保肥与通气性。施用肥料结构不合理，重氮轻磷，不能满足高产作物的需求。

（四）合理利用

一是合理布局，实行轮作倒茬，尽可能做到须根与直根、深根与浅根、豆科与禾本科、高秆与矮秆作物轮作，使养分调剂，余缺互补；二是玉米秸秆还田，增施有机肥，提高土壤有机质含量；三是推广测土配方施肥技术和地膜覆盖技术，提高肥料利用率和农产品品质，建设高标准农田；四是大力发展节水灌溉技术，提高土壤水分利用率；五是大力发展地膜覆盖技术，不断提高作物产量。

三、三 级 地

（一）面积与分布

本级耕地分布在大同市南郊区各乡（镇），面积为 110 690.46 亩，占总耕地面积的

31.56%。根据《全国耕地类型区、耕地地力等级划分》（NY/T 309—1996）比对，相当于国家的五至八级地。

（二）主要属性分析

本级耕地主要土壤类型有栗钙土、潮土、黄土状栗钙土、盐化潮土，成土母质为河流冲积物、黄土状母质、灌淤母质，耕层质地为壤质。土层深厚，有效土层厚度为 90～130 厘米，平均为 100 厘米；耕层厚度为 20～25 厘米，平均为 20 厘米。

土体构型为 AP-B-C 型，90%的土地有灌溉条件但不能保浇，靠近南洋河两岸有轻度盐碱危害，地面基本平坦，坡度 2°～5°，园田化水平一般。本级耕地的 pH 变化范围为 8.05～8.59，平均值为 8.33。

本级耕地土壤有机质平均含量为 25.07 克/千克，属省一级水平；有效磷平均含量为 10.59 毫克/千克，属省四级水平；速效钾平均含量为 133.42 毫克/千克，属省四级水平；全氮平均含量为 0.82 克/千克，属省四级水平。见表 4-5。

表 4-5　南郊区三级地土壤养分统计

项目	平均值	最大值	最小值	标准差	变异系数
有机质（克/千克）	25.07	36.82	5.34	14.75	0.59
有效磷（毫克/千克）	10.59	24.52	2.51	5.66	0.53
速效钾（毫克/千克）	133.42	232.94	81.51	38.87	0.29
pH	8.33	8.59	8.05	0.10	0.01
缓效钾（毫克/千克）	643.07	980.72	336.49	97.17	0.15
全氮（克/千克）	0.82	1.55	0.38	0.17	0.21
有效硫（毫克/千克）	40.37	90.02	7.36	15.59	0.39
有效锰（毫克/千克）	6.29	10.33	2.18	1.80	0.29
有效硼（毫克/千克）	0.72	1.04	0.31	0.26	0.36
有效铁（毫克/千克）	1.24	12.01	2.67	0.47	0.38
有效铜（毫克/千克）	1.01	3.44	0.38	0.36	0.36
有效锌（毫克/千克）	1.24	11.27	2.67	0.47	0.38

本级耕地土壤较肥沃，在南郊区属于中上等水平。种植作物以玉米、蔬菜为主，玉米平均亩产 500～800 千克。

（三）主要存在问题

本级耕地农业生产水平属中上等，但由于灌溉不能保证，因此水分条件成为影响作物产量提高的限制因子；有机肥施用不足导致土壤结构的恶化，部分区域的土壤盐碱化使得土壤质量呈下降趋势。产量的提高由于依赖于化学肥料的投入，使得土壤板结。

（四）合理利用

采取积极措施，实行节水灌溉，提高水分利用率和保浇程度；采用先进的栽培、测土配方施肥、地膜覆盖等技术，选用优良品种、科学管理，平衡施肥，培肥地力，充分挖掘土壤的生产潜能。水浇地种植玉米、蔬菜，旱地应采用穴灌、地膜覆盖等管理措施。

四、四 级 地

（一）面积与分布

本级耕地主要分布在口泉、马军营、西韩岭、平旺、高山、云冈、鸦儿崖、古店等乡（镇），地形部位多数在平川区，少部分在丘陵、沟川和洪积扇下部，面积约为 55 232.25 亩，占总耕地面积的 15.75%。根据《全国耕地类型区、耕地地力等级划分》（NY/T 309—1996）比对，相当于国家的八至九级地。

（二）主要属性分析

本级耕地分布范围较广，土壤类型有盐化潮土、苏打盐化潮土、黄土状栗钙土、洪积栗钙土、沟淤栗钙土，成土母质有黄土状、冲积物、洪积物、灌淤母质。耕层土壤质地差异较大，为壤土、中壤、重壤、沙壤。有效土层厚度为 60～130 厘米，平均为 80 厘米；耕层厚度为 18～25 厘米，平均为 22 厘米。土体构型为通体壤或沙，或夹沙砾。特点是土地平整，土层深厚，但部分耕地有沙砾层出现或有盐碱危害，40%～60%的耕地有灌溉条件但不保浇，无灌溉条件的土壤也较肥沃。本级土壤 pH 在 8.05～8.59，平均值为 8.28。

本级耕地土壤有机质平均含量为 19.64 克/千克，属省三级水平；有效磷平均含量为 6.34 毫克/千克，属省五级水平；速效钾平均含量为 116.95 毫克/千克，属省四级水平；全氮平均含量为 0.80 克/千克，属省四级水平；有效硼平均含量为 0.59 毫克/千克，属省四级水平；有效铁为 5.42 毫克/千克，属省四级水平；有效锌为 1.05 毫克/千克，属省三级水平；有效锰平均含量为 7.08 毫克/千克，属省四级水平；有效硫平均含量为 25.03 毫克/千克，属省四级水平。见表 4-6。

表 4-6　南郊区四级地土壤养分统计

项目	平均值	最大值	最小值	标准差	变异系数
有机质（克/千克）	19.64	36.82	10.34	6.02	0.31
有效磷（毫克/千克）	6.34	26.09	2.18	3.12	0.49
速效钾（毫克/千克）	116.95	232.94	82.07	24.76	0.21
pH	8.28	8.59	8.05	0.08	0.01
缓效钾（毫克/千克）	716.38	1 080.37	384.2	93.34	0.13
全氮（克/千克）	0.80	1.82	0.58	0.10	0.12
有效硫（毫克/千克）	25.03	90.02	6.5	15.11	0.6
有效锰（毫克/千克）	7.08	10.33	3.78	0.99	0.14
有效硼（毫克/千克）	0.59	1.04	0.35	0.24	0.41
有效铁（毫克/千克）	5.42	12.00	2.67	1.45	0.27
有效铜（毫克/千克）	0.72	1.43	0.24	0.19	0.27
有效锌（毫克/千克）	1.05	2.99	0.46	0.28	0.26

本级耕地主要种植作物以玉米和马铃薯为主。平均亩产为 300～500 千克，均处于南

郊区的中等水平。

（三）主要存在问题

部分区域土壤灌溉不能保证，水分条件成为影响作物产量提高的限制因子。土壤盐碱化问题得不到有效解决，使得土壤质量呈下降趋势；大量施用化学肥料与有机肥施用不足导致土壤结构的恶化，从而影响了土壤质地和土壤的保水性与保肥性能。

（四）合理利用

在不同区域中产田上推广测土配方施肥技术，进一步提高肥料利用率和耕地的生产潜力。采用地膜覆盖解决农业生产中的旱、寒问题，大力提高作物单产。增施有机肥、绿肥，培肥地力，进一步提高耕地的生产潜力，实现农业生产的可持续发展。通过增施有机肥、绿肥，结合施用黑矾或石膏化学改良剂，达到改良盐碱、培肥地力的目的。发展水利，加强水利设施建设，实行节水灌溉，提高水分利用率和保浇程度。低山、丘陵区沟川地积极发展小泉小水灌溉或引洪淤灌。

五、五 级 地

（一）面积与分布

本级耕地主要分布在口泉、马军营、西韩岭、平旺、高山、云冈、鸦儿崖、古店等乡（镇），山丘沟川区、洪积扇（中、下）部、黄土丘陵区的梯田，面积约为 28 156.67 亩，占总耕面积的 8.03%。根据《全国耕地类型区、耕地地力等级划分》（NY/T 309—1996）比对，相当于国家的九至十级地。

（二）主要属性分析

本级耕地土壤为洪积栗钙土、黄土质栗钙土。成土母质为黄土质、沟淤、洪积母质，耕层质地为沙壤土。有效土层厚度在 50～100 厘米，平均为 75 厘米；耕层厚度在 15～20 厘米，平均为 18 厘米；土体构型为 AP-B-C。特点是土层深厚，质地适中，但土地不平整，水土流失严重，土地干旱，土壤肥力较低。pH 为 8.05～8.44，平均值为 8.25。

本级耕地土壤有机质平均含量 17.71 克/千克，有效磷平均含量为 5.78 毫克/千克，速效钾平均含量为 104.76 毫克/千克，全氮平均含量为 0.77 克/千克，有效硫平均含量 28.79 克/千克，有效锰平均含量为 7.40 克/千克，有效铁平均含量为 5.39 克/千克。见表 4-7。

表 4-7　南郊区五级地土壤养分统计

项目	平均值	最大值	最小值	标准差	变异系数
有机质（克/千克）	17.71	36.82	6.66	4.91	0.28
有效磷（毫克/千克）	5.78	24.52	2.18	2.62	0.45
速效钾（毫克/千克）	104.76	232.94	81.51	24.76	0.24
pH	8.25	8.44	8.05	0.05	0.01
缓效钾（毫克/千克）	747.07	1 000.30	384.20	92.74	0.12

（续）

项目	平均值	最大值	最小值	标准差	变异系数
全氮（克/千克）	0.77	1.45	0.48	0.10	0.13
有效硫（毫克/千克）	28.79	73.38	6.50	14.15	0.51
有效锰（毫克/千克）	7.40	10.33	4.04	1.26	0.17
有效硼（毫克/千克）	0.56	1.33	0.33	0.16	0.29
有效铁（毫克/千克）	5.39	12.00	3.17	1.35	0.25
有效铜（毫克/千克）	0.84	1.80	0.38	0.28	0.34
有效锌（毫克/千克）	1.03	2.99	0.29	0.35	0.34

（三）主要存在问题

本级耕地自然条件较差，所处地理位置多为丘陵，侵蚀严重；土地不平整，水土流失严重，土地干旱，土壤肥力低下，农民投入少，产出少，耕作粗放。

（四）合理利用

主要措施是丘陵区15°以下的坡耕地实行坡改梯工程，整修梯田，增施有机肥，或种植苜蓿、豆类等绿肥，培肥地力，变跑水、跑肥、跑土的“三跑田”为保水、保肥、保土的“三保田”，提高梯田化水平。其他坡耕地平整土地，少耕免耕，增施有机肥，种植绿肥，粮草轮作，培肥地力；选用抗旱耐寒品种，利用抗旱保墒剂，开展测土配方施肥技术。

种植作物沟川、洪积扇区以玉米、马铃薯为主，平均亩产玉米在300千克以下；丘陵区以谷黍杂粮、马铃薯为主，平均亩产在150千克以上。

第五章　中低产田类型、生产性能及改良利用

第一节　中低产田类型及分布

中低产田是指在土壤中存在一种或多种制约农业生产的障碍因素，导致产量相对低而不稳定的耕地。

通过对大同市南郊区耕地地力状况的调查，根据土壤主导障碍因素的改良主攻方向，依据中华人民共和国农业部（现农业农村部）发布的行业标准 NY/T 310—1996，南郊区中低产田包括以下 4 个类型：瘠薄培肥型、坡地梯改型、盐碱耕地型和干旱灌溉改良型。全区总耕地面积 35.070 8 万亩，中低产田面积为 20.92 万亩，占总耕地面积的 59.65%。各类型面积情况统计见表 5-1。

表 5-1　南郊区中低产田各类型面积情况统计

类　型		面　积（亩）	占总耕地面积（%）	占中低产田面积（%）
总耕地		350 708.47	100.0	—
高产田		141 528.10	40.35	—
中低产田		209 180.37	59.65	100.0
中低产田	瘠薄培肥型	39 811.40	11.35	19.03
	坡地梯改型	77 345.64	22.05	36.98
	盐碱耕地型	15 100.99	4.31	7.22
	干旱灌溉改良型	76 922.34	21.93	36.77

一、瘠薄培肥型

瘠薄培肥型是指受气候、地形条件等难以改变的大环境限制，造成干旱、缺水、结构不良、土壤养分含量低、抵御自然灾害能力较弱，产量低于当地高产农田，除采取措施外，当前又无其他见效快、大幅度提高农作物产量的治本性措施（如发展灌溉），只能通过连年深耕、培肥土壤、改革耕作制度、推广旱作农业技术等长期性的措施逐步加以改良的耕地。

南郊区瘠薄培肥型中低产田面积为 3.98 万亩，占耕地总面积的 11.35%，占中低产田面积 19.03%。分布乡（镇）有高山镇、云冈乡、鸦儿崖乡、古店镇、西韩岭乡、口泉乡等。瘠薄培肥型主要分布在平川旱地、丘陵沟谷旱地、沟坝地、沟坪地、水平梯田，特

点是土层深厚或比较深厚，沙黏适中或比较适中，地势较平坦，水土流失不严重；主要土壤类型有黄土质、黄土状栗钙土性土，灌淤、沟淤栗钙土性土。

二、坡地梯改型

坡地梯改型指地表起伏不平、坡度较大，水土流失严重，必须通过修筑梯田、梯埂等田间水保工程加以改良治理的坡耕地。

南郊区坡地梯改型中低产田面积为 7.73 万亩，占总耕地面积的 22.05%，占中低产田面积的 36.98%。坡地梯改型是全区中低产田的主要类型，面积较大、分布广。分布乡（镇）有西韩岭乡、口泉乡、马军营乡、古店镇、高山镇、云冈乡。坡地梯改型耕地主要分布在黄土丘陵区坡耕地上，特点是土层深厚、质地适中、垂直节理发育，地面坡度较大，水土流失严重；主要土壤类型为黄土质栗钙土性土。

三、盐碱耕地型

盐碱耕地型是指在特定的地形水文和气候条件的作用下，使土壤耕层或 1 米土体内可溶性盐分含量或碱化度超过限量，影响作物正常生长的多种盐渍化耕地。

南郊区盐碱耕地型土壤是以耕层土壤水溶性盐分大于 0.2%为标准划分的，面积为 1.51 万亩，占总耕地面积的 4.31%，占中低产田面积的 7.22%。盐碱耕地型土壤主要分布在平川区南洋河两岸的扇前交接洼地和一级阶地上，特点是地势平坦，地下水位较高，属轻中度盐碱。分布乡（镇）有西韩岭乡、水泊寺乡。主要土壤类型有盐化潮土、苏打盐化潮土、碱化潮土、苏打盐土和碱化盐土。

四、干旱灌溉改良型

干旱灌溉改良型是指由于气候重要条件造成的降水不足或季节性降水不均匀，又缺少必要的蓄水手段，以及地形、土壤状况等的原因，造成的保水蓄水能力缺陷，不能满足作物正常生长所需的水分要求，但又具备水源开发条件，可以通过发展灌溉加以改良的耕地，一般可将旱地发展为水浇地，其改良方向为发展灌溉。

南郊区土壤干旱灌溉改良型中低产田面积为 7.69 万亩，占耕地总面积的 21.93%，占中低产田面积的 36.77%。干旱灌溉改良型土壤主要分布乡（镇）有西韩岭乡、口泉乡、古店镇。主要土壤类型有沙壤土、壤土、栗钙土。

第二节　生产性能及存在问题

一、瘠薄培肥型

瘠薄培肥型中低产田的主导障碍因素为土壤瘠薄，土壤养分特别是有效养分含量低，有机质为 17.82 克/千克，全氮为 0.77 克/千克，有效磷为 6.45 毫克/千克，有效钾为 109.05 毫克/千克，都低于全区的平均水平。

存在的主要问题是：养分缺乏，特别是有效养分缺乏，干旱缺水，土壤肥力较差，水土流失严重，蓄水保肥能力较差。瘠薄培肥型土壤主要分布在低山丘陵区，经济落后，交通不便，人少地多，耕作粗放。特别是离村较远的地块，投入少、产出也少，靠天吃饭，有机肥、化肥用量少或不施肥，甚至撂荒经营，“不种千亩地，难打万斤粮”是对瘠薄培肥型中低产田的形象描述。

二、坡地梯改型

坡地梯改型中低产田地处海拔1 100～1 400米的丘陵、低山、边山峪口地带，该类型区地面坡度>10°，以中度侵蚀为主，风蚀、水蚀共同作用，使耕地遭到极大破坏。光山秃岭、沟壑纵横、地面支离破碎，面蚀、沟蚀、崩塌随处可见，大量肥沃表土随地表径流流失。地力等级为国家耕地的八级至九级，耕层质地为沙质壤土。

土壤有机质为 19.48 克/千克，全氮为 0.81 克/千克，有效磷为 7.59 毫克/千克，速效钾为 122.02 毫克/千克。该类坡耕地是水土流失的易发地，坡耕地不仅单产低，而且随着土壤中氮、磷、钾等有机质的不断流失，其地力会持续下降。

坡地梯改型的主导障碍因素为地表不平引起的土壤侵蚀，土壤质地粗糙，干旱瘠薄，植被稀疏，以及与其相关的地形、地面坡度、土体厚度、土体构型与耕层熟化层厚度等，严重影响耕地肥力的提高，只能维持低水平农业生产。

三、盐碱耕地型

南郊区盐碱耕地型中低产田是次生盐渍化土壤，大部分分布在人口密集地区。该类型土壤肥沃，光热条件好，水利资源丰富。耕地土壤有机质为 26.24/千克，全氮为 1.03 克/千克，有效磷为 20.14 毫克/千克，速效钾为 162.63 毫克/千克。

其主导障碍因素为土壤盐渍化，以及与其相关的地形条件、地下水临界深度、含盐量、碱化度、pH 等。目前存在的主要问题是：土壤盐分含量高，盐分含量均大于 0.2%，地下水位高，土壤结构不良，干旱、渍涝等。“湿时一团糟，干时一把刀”是群众对盐碱土的形象描述。含水多，通气不良，特别是春季，耕层土壤盐分浓度高，土温低，种子发芽困难，常出现烂种且有老僵苗现象。

南郊区盐碱耕地属次生盐渍化土壤，它的形成与地下水关系密切，高地下水位和高地下水矿化度是形成盐渍化土壤的内因；蒸发量远远大于降水量的气候条件是形成盐渍化土壤的外因。南郊区盐碱耕地的地下水位一般在 3～5 米，地下水矿化度 0.5～1.5 克/升，地下水流不畅，造成土壤次生盐渍化。南郊区盐碱地的积盐过程具有明显的季节性：雨季盐分随水下移，形成临时脱盐现象；秋季雨水减少盐分逐渐上移，春季干旱多风，蒸发量大，土壤表层的盐分达到最高。盐碱土壤对作物生长的影响程度随着地下水位和土壤盐分含量的降低而减轻，此外，土壤的盐分类型不同对作物生长的影响也不同，苏打、碱化、盐土危害最重，其次是氯化物和硫酸盐的危害。

四、干旱灌溉改良型

干旱灌溉改良型中低产田土壤主要以沙壤土、壤土为主，还有部分沙土和黏土。2009—2010 年土壤养分测定含量情况为全氮为 0.83 克/千克，有效磷为 10.32 毫克/千克，速效钾为 132.03 毫克/千克，有机质为 29.6 克/千克。

南郊区日照辐射较强，蒸发量大，气候干燥，降水量不足，土壤保水蓄水能力较差。在作物生长季节不能满足正常水分需要，属于典型干旱灌溉农业区。

南郊区中低产田各类型土壤养分含量平均值统计见表 5-2。

表 5-2 南郊区中低产田各类型土壤养分含量平均值统计

类 型	有机质（克/千克）	全氮（克/千克）	有效磷（毫克/千克）	速效钾（毫克/千克）
干旱灌溉改良型	29.60	0.83	10.32	132.03
瘠薄培肥型	17.82	0.77	6.45	109.05
坡地梯改型	19.48	0.81	7.59	122.02
盐碱耕地型	26.24	1.03	20.14	162.63

第三节 改良利用措施

南郊区中低产田面积 20.92 万亩，占现有耕地面积的 59.65%，严重影响全区农业生产的发展和农业经济效益的提高。中低产田具有一定的增产潜力，只要扎扎实实地采取有效措施加以改良，便可获得较大的增产效益，也是南郊区农业生产再上新台阶的关键措施。中低产田的改良是一项长期而艰巨的工作，必须进行科学规划、合理安排，针对各类中低产田的主要限制因素，通过工程措施、农艺措施、生物措施、化学改良措施的有机结合，消除或减轻限制因素对土壤肥力的影响，提高耕地基础地力和耕地的生产能力。

中低产田改良利用的指导思想是：以提高耕地土壤肥力和土壤的综合生产能力为中心，以改善土壤环境和土壤理化性状为核心，积极实施改土、蓄水、保肥、节水技术，本着因地制宜，稳步推进的原则，逐步改善农业生产条件，实现经济与生态、社会效益的良性互动，促进南郊区农业生产健康快速的发展。具体措施如下：

1. 增施有机肥 力争使有机肥的施用量达到每年2 000～3 000千克/亩，要广辟肥源，堆沤肥、牲畜粪肥、土杂肥一齐上。同时，有条件的地方，特别是玉米种植区应大力推广秸秆粉碎还田，每亩秸秆还田量达到 300 千克以上，还可采用“过腹还田”，形成作物秸秆、畜牧业、有机肥的良性循环，使土壤有机质得到提高，土壤理化性状得到改善。

2. 校正施肥 依据当地土壤实际情况和作物需肥规律选用合理配比，有效控制化肥不合理施用对土壤性状的影响，达到提高农产品品质的目的。

（1）科学配比，稳氮增磷：在现有氮肥使用量的基础上，一定注意施肥方法、施肥量和施肥时期，遵循少量多次的原则，适当控制基肥的使用量，增加追肥使用量，改变过去撒施的习惯，向沟施、穴施、集中施转变。有利于提高氮肥利用率，减少损失。本区属石灰性土壤，土壤中的磷常被固定，而不能发挥肥效。部分群众至今对磷肥认识不足，重氮轻磷，被作物吸收的磷得不到及时补充，应适当增加磷肥施用量。力争氮磷使用比例达到1：（0.5～0.6）。

（2）因地制宜，施用钾肥：定期监测土壤中钾的动态变化，及时补充钾素。本区土壤中钾的含量总体上能满足作物的生长，但在局部地域土壤有效钾已不能满足作物生长。近几年，在马铃薯、蔬菜施钾试验，均表现增产。在使用方法上，应以沟施、穴施为主。

（3）平衡养分，巧施微肥：南郊区土壤锌含量低于山西省平均水平。通过盐碱地玉米等作物基施、拌种、叶面喷施等方法进行施锌试验，增产效果均很明显。作物对微量元素肥料需要量虽然很少，但能提高产量和品质，有着其他大量元素不可替代的作用。因此，应注重微肥的使用。

针对不同的中低产田类型，在改良利用中应具有针对性，采取相应的改造技术措施。根据土壤主导障碍因素及主攻方向，南郊区中低产田改造技术分述如下：

一、瘠薄培肥型

瘠薄型耕地多为旱耕地、缓坡地和高水平梯田，这类耕地有机质含量少，耕层薄，水资源贫乏，改良原则以培肥为主、种养结合。

1. 广辟肥源，增加有机肥和化肥的投入　“土壤有机质衰竭将导致土壤结构破坏，进而导致降雨时水分的入渗和储量减少，进一步使植被的破坏，风蚀、水蚀加剧，生态环境恶化，最终导致产量下降”。南郊区瘠薄培肥型耕地就是因此而形成，所以其改良就必须从提高土壤有机质入手。首先，广泛开辟肥源，堆沤肥、秸秆肥、牲畜粪肥、土杂肥等一齐上，增加有机物质的投入。有机质的提高有利于改善土壤结构，增加土壤阳离子代换能力和土壤保蓄水肥的能力。其次，实行粮草轮作、粮（绿）肥轮作，实施绿肥压青、种养结合。再次，增加化肥投入，合理使用化肥，增加作物产量。

2. 建设基本农田，实行集约经营　对于人少地多的边远山地丘陵区，耕作粗放，广种薄收，土壤极度贫瘠的乡村，在退耕还林还牧和粮草轮作的基础上，选择土地相对平整、土层较厚、质地适中、土体构型良好的耕地作为基本农田，集中人力、物力、财力，集中较多的有机肥、化肥，进行重点培肥、集约经营，用3～5年的时间，使其成为中产田，成为农民的口粮田、饲料田。其他瘠薄型耕地可作为牧草地，逐渐走农牧业相结合的道路，畜牧业的发展，又为基本农田提供更多的有机肥源，促进其肥力的提高。

3. 推广保护性耕作技术　大力推广少耕、免耕技术，在平川区推广地膜覆盖、生物覆盖等技术；山地、丘陵推广丰产沟、丰产梁覆盖等旱作节水技术，充分利用天然降水，满足作物需求，提高作物产量。

4. 调整种植结构与特色农产品基地建设　兼顾生态效益和经济效益，大力发展具有地域特色的农产品，扩大耐瘠薄干旱作物的种植面积，如豆类、谷黍等小杂粮；加快小杂粮基地建设，推动本区杂粮产业的发展。

二、坡地梯改型

坡地梯改型耕地的改造技术应从土地的合理利用入手，以恢复植被，适应自然。建立一个合乎自然规律而又比较稳定的生态系统，工程措施与生物措施相结合，治标与治本相结合，做到沟坡兼治，实现经济效益与生态效益的相互统一。该类型土壤的改良主要采取以下措施：

1. 梯田工程　15°以上的坡耕地要坚决退耕还林、还草，以发展草场和营造生态林，建设成土壤蓄水、水养树草、树草固土的农业生态体系。15°以下的坡耕地，围绕农田建设，林、草配置，沿等高线隔一定的间距，建设高标准的水平梯田或隔坡梯田，沿梯田田埂种植一些灌木，起到固定水土、保护田埂的作用。同时，结合小流域治理工程，打坝造地，在控制水土流失的基础上，逐步将梯田、沟坝地建成基本农田。

2. 增厚梯田耕作层及熟化度　新建梯田的耕作层厚度相对较薄，熟化程度较低。耕作层厚度及生土熟化是该类耕地改良的关键。新修梯田秋季要深耕 2 次，深度达 25 厘米以上，同时施入有机肥，每亩施用有机肥2 500～3 500千克。次年春季在土壤解冻后，浅耕 1 次，耙耱 2 次。结合深耕施入硫酸亚铁，每亩 30～50 千克，有条件的地方亩施1 000～2 000 千克风化煤或泥炭，耕翻入土，利于土壤熟化。

3. 加强植被建设，发展林牧基地　对一些边远的劣质耕地、陡坡地实行退耕还林还草，扩大植被覆盖率，并结合工程措施整治荒山、荒坡、荒沟，营造经济林、薪炭林，解决农村贫困和能源问题。发展畜牧业，改变单一的以种植业为主的农业生产结构，改变过去散养放牧的习惯，对牲畜进行圈养，封山育林育草。农区畜牧业的发展，不仅可提高农民的经济收入，又能为种植业提供更多的有机肥料，实现经济与生态的良性互动。

4. 大力推广集雨补灌技术　结合地形特点，修筑旱井、旱窖等集雨工程，调节降雨季节性分配不匀的问题。对作物进行补充灌溉，增强抵御旱灾的能力，通过引进良种，改进栽培措施，种植耐旱作物豆类、马铃薯、莜麦等，提高耕地综合生产能力。

5. 农、林、牧并重　该类耕地今后的利用方向应该是农、林、牧并重，因地制宜，全面发展。

应发展种草、植树，扩大林地和草地面积，促进养殖业发展，将生态效益和经济效益结合起来，如实行农（果）林复合农业。

三、盐碱耕地型

盐渍化土壤地势平坦，交通方便，人口密集，耕地缺乏，地下水源丰富。盐渍化土壤改良潜力大、效益高，只要改良措施得当，产量可大幅度地提高。尤其近年来，大同盆地地下水位普遍下降，为南郊区盐渍化土壤的改良创造了良好条件。

合理开发利用盐碱耕地，是南郊区农业可持续发展的主要途径之一，对改善生态环境、推动区域经济的发展具有十分重要的意义。针对目前南郊区盐碱地的特点，开发利用应遵循的基本原则为：一是保护与开发利用并重原则，宜开发则开发，不宜开发则应以保护和恢复生态为主；二是因地制宜，分区规划，视盐碱程度和具体条件，先易后难，采取不同的措施，充分考虑土壤、植物、水等各种条件；三是主动适应盐碱地的特性，立足盐碱环境，充分发挥农业耕作技术、盐生植物的作用，发展盐碱农业。该类型土壤的改良主要采取以下几项措施：

1. 排灌结合，以水治碱的工程措施 地下水位高是形成盐渍化土壤的主要原因，降低和控制地下水位是盐渍化土壤改造的前提。通过灌溉、冲洗、排水、引洪灌淤等，在盐碱较重、地下水位高、排水不畅的区域建立排水系统，利用盐碱区水资源较为丰富的有利条件，进行井灌井排，上洗下排，降低和控制地下水位、调节耕层土壤含盐量。有条件的地方，也可引洪灌溉，洪水中含有较多的腐殖质、养分和淤泥，既可改碱又可肥田，为盐碱地的改良、开发和培肥创造条件。

2. 消盐降碱，减轻钠离子危害的化学改良措施 对于盐渍化程度较重的土壤，土壤中钠离子含量多，危害严重，使作物难以正常生长，可施用脱硫石膏、硫酸亚铁、磷矿石、钠离子络合剂、腐殖酸类肥料等化学改良剂，对降低土壤碱性，消除钠离子的毒害，促进土壤理化性状的改善和土壤肥力的提高具有重要作用。脱硫石膏、硫酸亚铁主要是利用铁、钙离子置换土壤中的钠离子；腐质酸改良剂，是很好的离子交换剂，对钠、氯等有害离子有代换吸附作用，减轻盐碱对作物的危害。施用化学改良剂后，要进行适当的灌溉冲洗，以淋溶土壤中的可溶性盐分，活化钙离子，加速代换速度，提高改碱效果。从南郊区多年试验来看，以硫酸亚铁配合脱硫石膏效果较好。

3. 土壤培肥，提升地力的农艺生物措施 一是坚持有机肥为主，化肥为辅的方针，增施有机肥不仅可以提高土壤肥力，而且可以改善土壤理化性状。“碱大吃肥，肥大吃碱”，是广大农民长期通过农业措施治理盐碱地的深刻体会。二是在施用化肥上，尽量避免使用碱性和生理碱性肥料如碳酸氢铵、钙镁磷肥等，最好多用生理中性和酸性肥料如硫酸铵、过磷酸钙等。三是进行以平田整地为中心的农田基本建设，提高灌溉质量，使灌水深浅一致，水分均匀下渗，提高伏雨淋盐和灌水洗盐的效果；在重度盐碱土上，应先刮去盐斑，再进行平整。四是深耕、深松、多中耕有利于提高土壤透气透水性和提高土壤温度，加速土壤脱盐。五是推行深播浅盖种植技术，用有机肥料或沙土覆盖种子，增高地温，促进种子尽快出苗，避免烂种。六是大力推广地膜覆盖和秸秆粉碎还田技术，减少土壤水分蒸发，抑制土壤返盐。七是种植需水多、耐盐碱的作物，如向日葵、高粱、大麦、甜菜、玉米等作物，可增加灌水次数和灌水量，使土壤水分向下运行，减少土壤返盐，提高盐碱耕地的产量和效益。八是种植绿肥，绿肥压青对土壤十分瘠薄、有机肥比较缺乏的地方，地下水下降后，可先种植绿肥，进行绿肥压青，增加土壤的覆盖度，减少水分蒸发；同时绿肥压青能够改善土壤理化性状，培肥土壤，巩固和提高脱盐效果；一般在较重的盐碱地上选种田菁，中度盐碱地上可选择种植圣麻、草木樨、沙打旺、紫花苜蓿等。九是植树造林，进行耕地方格林网化，搞好四旁绿化，营造防风林带等，降低风速，增加空气湿度，改善田间小气候，减少地面蒸发，重要的是生物排水；据有关资料介绍，每棵成龄树的年蒸发量为柳树1 500千克、杨树1 400千克，连片的林带如同“空中排水渠系”，降低地下水位，同时使水分有效均匀地渗入土体，有利于淋洗盐分，淡化水质。

四、干旱灌溉改良型

南郊区历年干旱少雨是干旱灌溉改良型耕地最主要的障碍因素，根据其分布状况和所处地理位置，应采取以下措施：

1. 水源开发及调蓄工程　干旱灌溉改良型中低产田所处的位置根据水资源开发条件，该类地区需增加适当数量的深井，修筑一定数量的调水、蓄水等工程，以保证年浇水3～4次，毛灌定额300～400立方米/亩。

2. 田间工程及平整土地　一是平田整地采取小畦浇灌，节约用水，扩大浇水面积；二是积极发展管灌、滴灌，提高水的利用率；三是除适量增加深井外，要进一步修复和提高电灌的潜力，扩大灌溉面积。要充分发挥引洪水灌溉的作用，可采取多种措施，增加灌溉面积。

第六章 耕地地力评价与测土配方施肥

第一节 测土配方施肥的原理与方法

一、测土配方施肥的含义

测土配方施肥是以肥料田间试验、土壤测试为基础，根据作物需肥规律、土壤供肥性能和肥料效应，在合理施用有机肥料的基础上，提出氮、磷、钾及中、微量元素等肥料的施用品种、数量、施肥时期和施用方法。通俗地讲，就是在农业科技人员指导下科学施用配方肥。测土配方施肥技术的核心是调整和解决作物需肥与土壤供肥之间的矛盾。同时有针对性地补充作物所需的营养元素，作物缺什么元素就补充什么元素，需要多少补充多少，实现各种养分平衡供应，满足作物的需要，达到增加作物产量，改善农产品品质、节省劳力、节支增收的目的。

二、应用前景

土壤有效养分是作物营养的主要来源，施肥是补充和调节土壤养分数量与补充作物营养最有效的手段之一。作物因其种类、品种、生物学特性、气候条件以及农艺措施等诸多因素的影响，其需肥规律差异较大。因此，及时了解不同作物种植土壤中的土壤养分变化情况，对于指导科学施肥具有广阔的发展前景。

测土配方施肥是一项应用性很强的农业科学技术，在农业生产中大力推广应用，对促进农业增效、农民增收具有十分重要的作用。通过测土配方施肥的实施，能达到5个目标：一是节肥增产：在合理施用有机肥的基础上，提出合理的化肥投入量，调整养分配比，使作物产量在原有基础上能最大限度地发挥其增产潜能；二是提高产品品质：通过田间试验和土壤养分化验，在掌握土壤供肥状况、优化化肥投入的前提下，科学调控作物所需养分的供应，达到改善农产品品质的目标；三是提高肥效：在准确掌握土壤供肥特性、作物需肥规律和肥料利用率的基础上，合理设计肥料配方，从而达到提高产投比和增加施肥效益的目标；四是培肥改土：实施测土配方施肥必须坚持用地与养地相结合、有机肥与无机肥相结合，在逐年提高作物产量的基础上，不断改善土壤的理化性状，达到培肥和改良土壤，提高土壤肥力和耕地综合生产能力，实现农业可持续发展；五是生态环保：实施测土配方施肥，可有效控制化肥特别是氮肥的投入量，提高肥料利用率，减少肥料的面源污染，避免因施肥引起的富营养化，实现农业高产和生态环保相协调的目标。

三、测土配方施肥的依据

1. 土壤肥力是决定作物产量的基础　肥力是土壤的基本属性和质的特征，是土壤从养分条件和环境条件方面供应和协调作物生长的能力。土壤肥力是土壤的物理、化学、生物学性质的反映，是土壤诸多因子共同作用的结果。农业科学家通过大量的田间试验和示踪元素的测定证明，作物产量的构成，有40%～80%的养分吸自土壤。养分吸自土壤比例的大小和土壤肥力的高低有着密切的关系，土壤肥力越高，作物吸自土壤养分的比例就越大，相反，土壤肥力越低，作物吸自土壤的养分越少，那么肥料的增产效应相对增大，但土壤肥力低绝对产量也低。要提高作物产量，首先要提高土壤肥力，而不是依靠增加肥料。因此，土壤肥力是决定作物产量的基础。

2. 测土配方施肥原则　有机与无机相结合、大中微量元素相配合、用地和养地相结合是测土配方施肥的主要原则，实施配方施肥必须以有机肥为基础，土壤有机质含量是土壤肥力的重要指标。增施有机肥可以增加土壤有机质含量，改善土壤理化生物性状，提高土壤保水保肥性能，增强土壤活性，促进化肥利用率的提高，各种营养元素的配合才能获得高产稳产。要使作物—土壤—肥料形成物质和能量的良性循环，必须坚持用养结合，投入产出相对平衡，保证土壤肥力的逐步提高，达到农业的可持续发展。

3. 测土配方施肥理论依据　测土配方施肥是以养分学说、最小养分律、同等重要律、不可代替律、肥料效应报酬递减律和因子综合作用律等为理论依据，以确定不同养分的施肥总量和肥料配比为主要内容。同时注意良种、田间管护等影响肥效的诸多因素，形成了测土配方施肥的综合资源管理体系。

（1）养分归还学说：作物产量的形成有40%～80%的养分来自土壤，但不能把土壤看作一个取之不尽，用之不竭的“养分库”。为保证土壤有足够的养分供应容量和强度，保证土壤养分的携出与输入间的平衡，必须通过施肥这一措施来实现。依靠施肥，可以把作物吸收的养分“归还”土壤，确保土壤肥力。

（2）最小养分律：作物生长发育需要吸收各种养分，但严重影响作物生长，限制作物产量的是土壤中那种相对含量最小的养分因素，也就是最缺的那种养分。如果忽视这个最小养分，即使继续增加其他养分，作物产量也难以提高。只有增加最小养分的量，产量才能相应提高。经济合理的施肥是将作物所缺的各种养分同时按作物所需比例相应提高，作物才会优质高产。

（3）同等重要律：对作物来讲，不论大量元素或微量元素，都是同样重要缺一不可的。即使缺少某一种微量元素，尽管它的需要量很少，仍会影响某种生理功能而导致减产。微量元素和大量元素同等重要，不能因为需要量少而忽略。

（4）不可替代律：作物需要的各种营养元素，在作物体内都有一定的功效，相互之间不能替代，缺少什么营养元素，就必须施用含有该元素的肥料进行补充，不能互相替代。

（5）肥料效应报酬：随着投入的单位劳动和资本量的增加，报酬的增加却在减少，当施肥量超过适量时，作物产量与施肥量之间单位施肥量的增产会呈递减趋势。

（6）因子综合作用律：作物产量的高低是由影响作物生长发育诸因素综合作用的结

果，但其中必有一个起主导作用的限制因子，产量在一定程度上受该限制因素的制约。为了充分发挥肥料的增产作用和提高肥料的经济效益，一方面，施肥措施必须与其他农业技术措施相结合，发挥生产体系的综合功能；另一方面，各种养分之间的配合施用，也是提高肥效不可忽视的问题。

四、测土配方施肥确定施肥量的基本方法

1. 土壤与植物测试推荐施肥方法 该技术综合了目标产量法、养分丰缺指标法和作物营养诊断法的优点。对于大田作物，在综合考虑有机肥、作物秸秆应用和管理措施的基础上，根据氮、磷、钾和中、微量元素养分的不同特征，采取不同的养分优化调控与管理策略。其中，氮肥推荐根据土壤供氮状况和作物需氮量，进行实时动态监测和精确调控，包括基肥和追肥的调控；磷、钾肥通过土壤测试和养分平衡进行监控；中、微量元素采用因缺补缺的矫正施肥策略。该技术包括氮素实时监控、磷钾养分恒量监控和中、微量元素养分矫正施肥技术。

（1）氮素实时监控施肥技术：根据不同土壤、不同作物、不同目标产量确定作物需氮量，以需氮量的30%～60%作为基肥用量。具体基肥施用比例根据土壤全氮含量，同时参照当地丰缺指标来确定。一般在全氮含量偏低时，采用需氮量的50%～60%作为基肥；在全氮含量居中时，采用需氮量的40%～50%作为基肥；在全氮含量偏高时，采用需氮量的30%～40%作为基肥。30%～60%基肥比例可根据上述方法确定，并通过“3414”田间试验进行校验，建立当地不同作物的施肥指标体系。有条件的地区可在播种前对0～20厘米土壤无机氮进行监测，调节基肥用量。

土壤无机氮（千克/亩）＝土壤无机氮测试值（毫克/千克）×0.15×校正系数

氮肥追肥用量推荐以作物关键生育期的营养状况诊断或土壤硝态氮的测试为依据，这是实现氮肥准确推荐的关键环节，也是控制过量施氮或施氮不足、提高氮肥利用率和减少损失的重要措施。测试项目主要是土壤全氮含量、土壤硝态氮含量或谷子拔节期茎基部硝酸盐浓度、玉米最新展开叶叶脉中部硝酸盐浓度，水稻采用叶色卡或叶绿素仪进行叶色诊断。

（2）磷钾养分恒量监控施肥技术：根据土壤有效磷、速效钾含量水平，以土壤有效磷、速效钾养分不成为实现目标产量的限制因子为前提，通过土壤测试和养分平衡监控，使土壤有效磷、速效钾含量保持在一定范围内。对于磷肥基本思路是根据土壤有效磷测试结果和养分丰缺指标进行分级，当有效磷水平处在中等偏上时，可以将目标产量需要量（只包括带出田块的收获物）的100%～110%作为当季磷肥用量；随着有效磷含量的增加，需要减少磷肥用量，直至不施；随着有效磷的降低，需要适当增加磷肥用量，在极缺磷的土壤上，可以施到需要量的150%～200%。在2～3年后再次测土时，根据土壤有效磷和产量的变化再对磷肥用量进行调整。钾肥首先需要确定施用钾肥是否有效，再参照上面方法确定钾肥用量，但需要考虑有机肥和秸秆还田带入的钾量。一般大田作物磷、钾肥料全部做基肥。

（3）中、微量元素养分矫正施肥技术：中、微量元素养分的含量变幅大，作物对其需要量也各不相同。主要与土壤特性（尤其是母质）、作物种类和产量水平等有关。矫正施肥就是通过土壤测试，评价土壤中、微量元素养分的丰缺状况，进行有针对性的因缺补缺的施肥。

2. 肥料效应函数法　根据“3414”方案田间试验结果建立当地主要作物的肥料效应函数，直接获得某一区域，某种作物的氮、磷、钾肥料的最佳施用量，为肥料配方和施肥推荐提供依据。

3. 土壤养分丰缺指标法　通过土壤养分测试结果和田间肥效试验结果，建立不同作物、不同区域的土壤养分丰缺指标，提供肥料配方。

土壤养分丰缺指标田间试验也可采用“3414”部分实施方案。“3414”方案中的处理1为空白对照（CK），处理6为全肥区（NPK），处理2、4、8为缺素区（即PK、NK和NP）。收获后计算产量，用缺素区产量占全肥区产量百分数即相对产量的高低来表达土壤养分的丰缺情况。相对产量＜50％的土壤养分为极低；相对产量50％～75％（不含）为低，75％～90％（不含）为中，90％～95％（不含）为高，＞95％（95％）（含）以上为极高（也可根据当地实际确定分级指标），从而确定适用于某一区域、某种作物的土壤养分丰缺指标及对应的肥料施用数量。对该区域其他田块，通过土壤养分测试，就可以了解土壤养分的丰缺状况，提出相应的推荐施肥量。

4. 养分平衡法

（1）基本原理与计算方法：根据作物目标产量需肥量与土壤供肥量之差估算施肥量，计算公式为：

$$施肥量（千克/亩）=\frac{目标产量所需养分总量-土壤供肥量}{肥料中养分含量\times 肥料当季利用率}$$

养分平衡法涉及目标产量、作物需肥量、土壤供肥量、肥料利用率和肥料中有效养分含量五大参数。土壤供肥量即为“3414”方案中处理1的作物养分吸收量。目标产量确定后因土壤供肥量的确定方法不同，形成了地力差减法和土壤有效养分校正系数法两种。

地力差减法是根据作物目标产量与基础产量之差来计算施肥量的一种方法。其计算公式为：

$$施肥量（千克/亩）=\frac{（目标产量-基础产量）\times 单位经济产量养分吸收量}{肥料中养分含量\times 肥料利用率}$$

基础产量即为“3414”方案中处理1的产量。

土壤有效养分校正系数法是通过测定土壤有效养分含量来计算施肥量。其计算公式为：

$$施肥量(千克/亩)=\frac{作物单位产量养分吸收量\times 目标产量-土壤测试值\times 0.15\times 土壤有效养分校正系数}{肥料中养分含量\times 肥料利用率}$$

（2）有关参数的确定：

——目标产量　目标产量可采用平均单产法来确定。平均单产法是利用施肥区前3年平均单产和年递增率为基础确定目标产量。其计算公式为：

$$目标产量（千克/亩）=（1+递增率）\times 前3年平均单产（千克/亩）$$

一般粮食作物的递增率为10％～15％，露地蔬菜为20％，设施蔬菜为30％。

——作物需肥量　通过对正常成熟的农作物全株养分的分析，测定各种作物百千克经济产量所需养分量，乘以目标常量即可获得作物需肥量。其计算公式为：

$$作物目标产量所需养分量（千克）=\frac{目标产量（千克）}{100}\times 百千克产量所需养分量（千克）$$

——土壤供肥量　土壤供肥量可以通过测定基础产量、土壤有效养分校正系数有以下两种方法估算：

通过基础产量估算（处理 1 产量）：不施肥区作物所吸收的养分量作为土壤供肥量。

$$土壤供肥量（千克）=\frac{不施养分区农作物产量（千克）}{100}\times 百千克产量所需养分量（千克）$$

通过土壤有效养分校正系数估算：将土壤有效养分测定值乘一个校正系数，以表达土壤“真实”供肥量。该系数称为土壤有效养分校正系数。

$$土壤有效养分校正系数（\%）=\frac{缺素区作物地上部分吸收该元素量（千克/亩）}{该元素土壤测定值（毫克/千克）\times 0.15}$$

——肥料利用率　一般通过差减法来计算：利用施肥区作物吸收的养分量减去不施肥区农作物吸收的养分量，其差值视为肥料供应的养分量，再除以所用肥料养分量就是肥料利用率。

肥料利用率(%)

$$=\frac{施肥区农作物吸收养分量(千克/亩)-缺素区农作物吸收养分量(千克/亩)}{肥料施用量(千克/亩)\times 肥料中养分含量(\%)}\times 100$$

上述公式以计算氮肥利用率为例来进一步说明。

施肥区（NPK 区）农作物吸收养分量（千克/亩）：“3414”方案中处理 6 的作物总吸氮量；

缺氮区（PK 区）农作物吸收养分量（千克/亩）：“3414”方案中处理 2 的作物总吸氮量；

肥料施用量（千克/亩）：施用的氮肥肥料用量；

肥料中养分含量（%）：施用的氮肥肥料所标明的含氮量。

如果同时使用了不同品种的氮肥，应计算所用的不同氮肥品种的总氮量。

——肥料养分含量　供施肥料包括无机肥料与有机肥料。无机肥料、商品有机肥料含量按其标明量，不明养分含量的有机肥料养分含量可参照当地不同类型有机肥养分平均含量获得。

第二节　测土配方施肥项目技术内容和实施情况

一、样品采集

南郊区 3 年共采集土样5 000个，覆盖全区各个行政村所有耕地。采样布点根据区土壤图，做好采样规划，确定采样点位→野外工作带上取样工具（土钻、土袋、调查表、标签、GPS 定位仪等）→联系对村地块熟悉的农户代表→到采样点位选择有代表性地块→GPS 定位仪定位→S 形取样→混样→四分法分样→装袋→填写内外标签→填写土样基本情况表的田间调查部分→访问土样点农户填写土样基本情况表其他内容→土样风干→分析化验。同时根据要求填写 320 个农户施肥情况调查表。3 年累计采样任务是5 000个，全部完成。

二、田间调查

通过 3 年来对 320 户施肥效果跟踪调查，田间调查除采样表上所有内容外，还调查了该地块前茬作物、产量、施肥水平和灌溉情况。同时定期走访农户，了解基肥和追肥的施用时间、施用种类、施用数量；灌水时间、灌水次数、灌水量。基本摸清该调查户作物产量，氮、磷、钾养分投入量，氮、磷、钾比例，肥料成本及效益。完成了测土配方施肥项目要求的320户调查任务。

三、分析化验

1. 测试项目 根据《规程》土壤样品检测项目为pH、有机质、全氮、碱解氮、全磷、有效磷、全钾、速效钾、缓效钾、有效硫、阳离子交换量、有效铜、有效锌、有效铁、有效锰、水溶性硼、有效钼17个项目。

2. 测试方法

(1) pH：土液比1∶5，采用电位法。

(2) 有机质：采用油浴加热重铬酸钾氧化容量法。

(3) 全氮：采用凯氏蒸馏法。

(4) 碱解氮：采用碱解扩散法。

(5) 全磷：采用（选测10%的样品）氢氧化钠熔融——钼锑抗比色法。

(6) 有效磷：采用碳酸氢钠——钼锑抗比色法。

(7) 全钾：采用氢氧化钠熔融——原子吸收分光光度计法。

(8) 速效钾：采用乙酸铵提取——原子吸收分光光度计法。

(9) 缓效钾：采用硝酸浸提——原子吸收分光光度计法。

(10) 有效硫：采用氯化钙浸提——硫酸钡比浊法。

(11) 阳离子交换量：采用（选测10%的样品）EDTA-乙酸铵盐交换法。

(12) 有效铜、锌、铁、锰：采用DTPA提取-原子吸收分光光度计法。

(13) 有效钼：采用（选测10%的样品）草酸-草酸铵浸提——极谱法。

(14) 水溶性硼：采用沸水浸提姜黄素比色法。

3. 测试项次 5 000个土样，测试59 800项次。其中，大量元素40 000项次、中微量元素9 800项次，其他项目10 000项次。

4. 质量控制 为了保证化验质量、检验化验员的技能及准确性，每20个土样要求带空白样2个、平行样1个、参比样2个；另外，采用暗签的方式，对化验重视性进行抽查。通过以上质量控制措施，保证了化验的质量。

四、田间试验

通过“3414”试验初步建立了肥料效应函数

1. 试验目的 通过田间试验，摸清肥料利用率等基本参数，建立丰缺指标和肥料效应函数，为测土配方施肥技术指标体系提供依据。

2. 试验设计 玉米采用“3414”完全实施方案，N、P、K 4个水平分别为N_0-N_7-N_{14}-N_{21}、P_0-P_4-P_8-P_{12}、K_0-K_4-K_8-K_{12}，施肥量为亩施纯养分量。试验地不施有机肥。各

处理采用随机排列，不设重复。试验均采用单质肥料，N由尿素（46%），P_2O_5由普通过磷酸钙（12%），K_2O由硫酸钾（50%）分别提供。尿素2/3基施，1/3追施，磷肥及硫酸钾全部基施。试验小区（30平方米），地头保护行不低于5行。见表6-1。

表6-1 玉米“3414”试验方案

单位：千克/亩、千克/小区

试验编号	处理	N	P_2O_5	K_2O	小区实物量			
					尿素（46%）		过磷酸钙（12%）	硫酸钾(50%)
					底施	追施		
1	$N_0P_0K_0$	0	0	0	0		0	0
2	$N_0P_2K_2$	0	8	8	0		4	0.92
3	$N_1P_2K_2$	7	8	8	0.6	0.3	4	0.92
4	$N_2P_0K_2$	14	0	8	1.2	0.6	0	0.92
5	$N_2P_1K_2$	14	4	8	12	0.6	2	0.92
6	$N_2P_2K_2$	14	8	8	1.2	0.6	4	0.92
7	$N_2P_3K_2$	14	12	8	1.2	0.6	6	0.92
8	$N_2P_2K_0$	14	8	0	1.2	0.6	4	0
9	$N_2P_2K_1$	14	8	4	1.2	0.6	4	0.46
10	$N_2P_2K_3$	14	8	12	1.2	0.6	4	1.38
11	$N_3P_2K_2$	21	8	8	1.8	0.9	4	0.92
12	$N_1P_1K_2$	7	4	8	0.6	0.3	2	0.92
13	$N_1P_2K_1$	7	8	4	0.6	0.3	4	0.46
14	$N_2P_1K_1$	14	4	4	1.2	0.6	2	0.46

3. “3414”试验实施情况

（1）春玉米“3414”试验操作规程：根据南郊区生态区域、土壤类型、肥力水平和产量水平等因素，确定“3414”试验的地点→制订试验方案→试验地基础土样采集化验→玉米播种前进行试验专题培训→按照试验方案分小区播种→生育期观察记载→收获期测产调查→小区植株全样采集→小区产量汇总→试验结果分析汇总。

（2）“3414”试验测产结果：2009—2011年，“3414”田间试验40个。其中，玉米“3414”试验30个，马铃薯“3414”试验10个，采取单打单收的方法进行了小区测产，并折合成亩产量。

（3）“3414”试验结果分析：分别采用三元二次方程和一元二次方程建立春玉米肥料效应函数。

五、配方确定与校正试验

1. 试验目的 从养分投入量、作物产量、效益方面比较配方施肥与对照（常规或不施肥处理）之间的增产、增收和产出投入比。客观评价配方肥施用效果和施肥效益，校正测土配方施肥技术参数，找出存在的问题和需要改进的地方，进一步优化测土配方施肥技术。

2. 试验设计　试验设置不施肥区、习惯施肥对照区和测土配方施肥区 3 个处理。其中，不施肥区 30 平方米、测土配方施肥和农民习惯施肥处理不小于 200 平方米。为了农事操作的方便，保证示范的准确性，避免出现串灌串排。观察点田间布局见图 6-1。

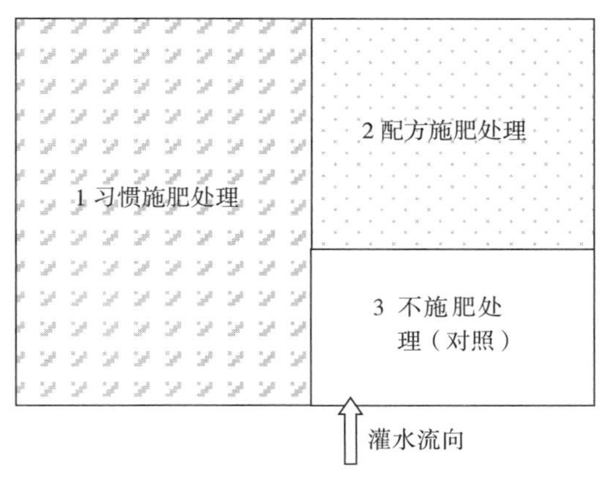

注：习惯处理完全由农民按照当地管理习惯进行管理；配方处理只是按照试验要求改变施肥方式，其他管理同习惯管理一样；对照处理则不施任何化学肥料，其他管理同习惯管理。同样，如果是水稻，要注意对照处理周围，要起垄。

图 6-1　试验设计示意图

3. 试验结果　2009—2011 年共安排试验 100 个。其中，高水肥地 50 个，中水肥地 25 个，旱地 25 个。分别设在高庄村、榆林村、郝庄村、小南头村、古店村、仝家湾村、冯庄村、山底村、墙框堡村、十里铺村等。“3414”田间试验 40 个，其中，玉米 30 个、马铃薯 10 个。60 个校正试验，分别设在郝庄村、榆林村、米庄村、高庄村、小南头村、冯庄村、山底村、墙框堡村、十里铺村、圣水沟村、古店村、仝家湾村等。

试验表明，配方肥施用合理，成本降低，增产明显，产量较高。配方区较习惯区平均增产率为 6.1%，较空白区平均增产率为 25.3%。南郊区测土配方施肥校正试验结果汇总见表 6-2。

表 6-2　南郊区测土配方施肥校正试验结果汇总

试验地点农户	（A）配方施肥区			（B）习惯施肥区			（C）空白区		增产量		增收（元/亩）	
	产量（千克/亩）	产值（元/亩）	肥料投入（元/亩）	产量（千克/亩）	产值（元/亩）	肥料投入（元/亩）	产量（千克/亩）	产值（元/亩）	A 区与 B 区	A 区与 C 区	A 区与 B 区	A 区与 C 区
郝庄村刘永	518.00	828.80	87.20	488.00	780.00	85.30	456.00	729.00	30.00	62.00	48.00	99.00
冯庄村李卫平	510.00	816.00	123.00	480.00	768.00	118.00	430.00	688.00	30.00	80.00	48.00	128.00
高庄村许录	520.00	832.00	110.00	491.00	785.00	102.00	452.00	723.00	29.00	68.00	47.00	109.00
榆林村李全	220.00	352.00	83.00	180.00	288.00	80.00	150.00	240.00	40.00	70.00	64.00	112.00
古店村马仙	391.00	625.00	119.00	359.00	574.00	111.00	323.00	516.00	32.00	68.00	51.00	99.00

（续）

试验地点农户	(A) 配方施肥区			(B) 习惯施肥区			(C) 空白区		增产量		增收（元/亩）	
	产量（千克/亩）	产值（元/亩）	肥料投入（元/亩）	产量（千克/亩）	产值（元/亩）	肥料投入（元/亩）	产量（千克/亩）	产值（元/亩）	A区与B区	A区与C区	A区与B区	A区与C区
山底村王生兵	375.00	600.00	118.00	341.00	546.00	114.00	311.00	498.00	34.00	64.00	54.00	112.00
山底村王守存	485.00	776.00	128.00	432.00	691.00	125.00	351.00	562.00	53.00	134.00	85.00	214.00
圣水沟村杨进义	532.00	851.00	124.00	406.00	649.00	116.00	382.00	611.00	126.00	150.00	202.00	240.00
墙框堡村王和	322.00	515.00	108.00	271.00	431.00	105.00	250.00	400.00	51.00	150.00	84.00	115.00
全家湾村余成	765.00	1 224.0	129.00	735.00	1 176.0	126.00	713.00	1 140.0	30.00	52.00	48.00	84.00
平均值	463.80	741.90	112.92	418.30	668.80	108.23	381.80	508.10	45.50	89.80	73.10	131.20

六、配方肥加工与推广

依据配方，以单质、复混肥为原料，生产或配制配方肥。主要采用两种形式，一是通过配方肥定点生产企业按配方加工生产配方肥，建立肥料营销网络和销售台账，向农民供应配方肥；二是农民按照施肥建议卡所需肥料品种，选用肥料，科学施用。南郊区和山西省配方肥定点生产企业山西凯盛肥业有限公司合作，农业局提供肥料配方，山西凯盛肥业有限公司按照配方生产配方肥，通过区、乡、村三级科技推广网络和3家定点供肥服务站进行供肥。3年来全区推广应用配方肥14 400多吨，配方肥施用面积19.2万亩次。

在配方肥推广上具体做法是：一是大搞技术宣讲，把测土配方施肥、合理用肥、施用配方肥的优越性宣传到家喻户晓，人人明白，并散发有关材料；二是全区建立31个配方肥供应点及3个中心配肥站，由农业委员会统一制作铜牌，挂牌供应；三是在播种季节，农业局组织全体技术人员，到各配方肥供应点，指导群众合理配肥，合理施用配方肥；四是搞好配方肥的示范，让事实说话，通过以上措施，有效地推动全区配方肥的应用，并取得明显的经济效益。

七、数据库建设与地力评价

在数据库建设上，按照农业部规定的测土配方施肥数据字典格式建立数据库，以第二次土壤普查、耕地地力调查、历年土壤肥料田间试验和土壤监测数据资料为基础，收集整理了本次野外调查、田间试验和分析化验数据，委托山西农业大学资源环境学院建立土壤养分图和测土配方施肥数据库，并进行区域耕地地力评价。同时，开展了田间试验、土壤养分测试、肥料配方、数据处理、专家咨询系统等方面的技术研发工作，不断提升测土配方施肥技术水平。

八、技术推广应用

3 年来，制作测土配方施肥建议卡 13 万份，其中 2009 年 5 万份，2010 年 5 万份，2011 年 3 万份，并发放到户。发放配方施肥建议卡的具体做法是：一是大村、重点村，利用技术宣讲会进行发放；二是利用发放玉米、小杂粮直补款进行发放；三是利用发放良种补助进行发放，确保建议卡全部发放到户。

2009—2011 年，南郊区国家级测土配方施肥补贴资金项目围绕“测土、配方、配肥、供肥、施肥指导”5 个重点环节，认真组织开展野外调查、采样测试、田间试验、配方设计、校正试验、配肥加工、示范推广、宣传培训、数据库建设、效果评价、技术研发 11 项工作。在玉米、蔬菜、马铃薯上共推广测土配方施肥面积 32 万亩，其中配方肥使用面积 19.2 万亩。采集土壤样品5 000个，化验土壤样品5 000个、有机质和大量元素检测54 800项次，采集化验植株样 702 个。推荐施肥配方 6 个，其中玉米主体配方 3 个，分别为 11∶8∶6、13∶7∶3、15∶8∶7；蔬菜主体配方 2 个，分别是 25∶8∶7、20∶6∶4；马铃薯主体配方 1 个 20∶8∶7。建立测土配方施肥数据库 1 个，发放测土配方施肥建议卡 13 万份，施用配方肥14 400吨。设立“3414”试验 40 个、配方校正试验 60 个。建设示范区 39 个，其中万亩以上示范区 4 个，千亩示范区 35 个。培训技术骨干1 065人次，培训农民55 000人次，免费为 3.2 万多户农民提供了测土配方施肥技术服务。建设测土配方施肥专家系统 1 个，制作项目区耕地土壤养分图 1 套。

九、耕地地力评价

南郊区充分利用外业调查和分析化验等数据，结合第二次土壤普查、土地利用现状调查等成果资料，按照《规范》要求，完成了全区耕地地力评价工作。将 35.070 8 万亩耕地划分为 5 个等级；按照《全国中低产田类型划分与改良技术规范》，将 20.92 余万亩中低产田划分为 4 种类型，并提出改良措施。建立了耕地地力评价与利用数据库、耕地资源信息管理系统，制作了南郊区中低产田分布图、耕地地力等级图等图件，编写了耕地地力评价与利用技术报告和专题报告。

十、专家系统开发

布置试验、示范，调整改进肥料配方，充实数据库，完善专家咨询系统，探索主要农作物的测土配方施肥模型，不仅做到缺啥补啥，而且必须保证吃好不浪费，进一步提高利用率，节约肥料，降低成本，满足作物高产优质的需要。

第三节　田间肥效试验及施肥指标体系建立

根据农业部及山西省农业厅测土配肥项目实施方案的安排和省土壤肥料工作站制定的

《山西省主要作物“3414”肥料效应田间试验方案》《山西省主要作物测土配方施肥示范方案》所规定的标准，为摸清土壤养分校正系数、土壤供肥能力、不同作物养分吸收量和肥料利用率等基本参数，掌握农作物在不同施肥单元的优化施肥量、施肥时期和施肥方法，构建农作物科学施肥模型；为完善测土配方施肥技术指标体系提供科学依据，从2009年春播起，在大面积实施测土配方施肥的同时，安排实施了各类试验示范，取得了大量的科学试验数据，为下一步的测土配方施肥工作奠定了良好的基础。

一、田间肥效试验的目的

田间试验是获得各种作物最佳施肥品种、施肥比例、施肥时期、施肥方法的唯一途径，也是筛选、验证土壤养分测试方法，建立施肥指标体系的基本环节。通过田间试验，掌握各个施肥单元不同作物优化施肥数量，基、追肥分配比例，施肥时期和施肥方法；摸清土壤养分较正系数、土壤供肥能力、不同作物养分吸收量和肥料利用率等基本参数，构建作物施肥模型，为施肥分区和肥料配方设计提供依据。

二、田间肥效试验方案的设计

1. 田间试验方案设计 按照《规范》的要求，以及山西省土壤肥料工作站《测土配方施肥实施方案》的规定，根据南郊区主栽作物为马铃薯和玉米的实际，采用“3414”方案设计。“3414”的含义是指氮、磷、钾3个因素、4个水平、14个处理。4个水平的含义：0水平指不施肥，2水平指当地推荐施肥量，1水平＝2水平×0.5，3水平＝2水平×1.5（该水平为过量施肥水平）。玉米“3414”试验二水平处理的施肥量（千克/亩），N 14、P_2O_5 8、K_2O 8，马铃薯二水平处理的施肥量（千克/亩），N 12、P_2O_5 8、K_2O 12，校正试验设配方施肥示范区、常规施肥区、空白对照区3个处理。

2. 试验材料 供试肥料分别为山西凯盛肥业有限公司生产的46%尿素、16%重过磷酸钙和50%硫酸钾。

三、田间肥效试验设计方案的实施

1. 人员与布局 在南郊区多年耕地土壤肥力动态监测和耕地分等定级的基础上，将全区耕地进行高、中、低肥力区划，确定不同肥力的测土配方施肥试验所在地点，同时在对承担试验的农户科技水平与责任性、地块大小、地块代表性等条件综合考察的基础上，确定试验地块。试验田的田间规划、施肥、播种、浇水以及生育期观察、田间调查、室内考种、收获计产等工作都由专业技术人员严格按照田间试验技术规程进行操作。

南郊区的测土配方施肥“3414”类试验主要在玉米、马铃薯上进行，完全试验不设重复。2009—2011年，3年共完成“3414”完全试验40个。其中，玉米“3414”试验30个，其中，2009年15个、2010年10个、2011年5个；马铃薯10个，其中，2009年5个、2011年5个。安排配方校正试验60个，玉米45个，其中，2009年20个、2010年

20个、2011年5个；马铃薯15个，其中，2009年10个、2011年5个。

2. 试验地选择　试验地选择平坦、整齐、肥力均匀，具有代表性的不同肥力水平的地块；坡地选择坡度平缓、肥力差异较小的田块；试验地避开了道路、堆肥场所等特殊地块。

3. 试验作物品种选择　田间试验选择当地主栽作物品种或拟推广品种。

4. 试验准备　整地、设置保护行、试验地区划；小区应单灌单排，避免串灌串排；试验前采集土壤样。

5. 测土配方施肥田间试验的记载　田间试验记载的具体内容和要求如下：

（1）试验地基本情况，包括：

地点：省、市、区、村、邮编、地块名、农户姓名。

定位：经度、纬度、海拔。

土壤类型：土类、亚类、土属、土种。

土壤属性：土体构型、耕层厚度、地形部位及农田建设、侵蚀程度、障碍因素、地下水位等。

（2）试验地土壤、植株养分测试：有机质、全氮、碱解氮、有效磷、有效钾、pH等土壤理化性状，必要时进行植株营养诊断和中微量元素测定等。

（3）气象因素：多年平均及当年每月气温、降水、日照和湿度等气候数据。

（4）前茬情况：作物名称、品种、品种特征、亩产量，以及N、P、K肥和有机肥的用量、价格等。

（5）生产管理信息：灌水、中耕、病虫防治、追肥等。

（6）基本情况记录：品种、品种特性、耕作方式及时间、耕作机具、施肥方式及时间、播种方式及工具等。

（7）生育期记录：主要记录播种期、播种量、平均行距、出苗期、拔节期、抽穗期、灌浆期、成熟期等。

（8）生育指标调查记载：主要调查和室内考种记载亩株数、株高、穗位高及节位、亩收获穗数、穗长、穗行数、穗粒数、百粒重、小区产量等。

6. 试验操作及质量控制情况　试验田地块的选择严格按方案技术要求进行，同时要求承担试验的农户要有一定的科技素质和较强的责任心，以保证试验田各项技术措施准确到位。

7. 数据分析　田间调查和室内考种所得数据，全部按照肥料效应鉴定田间试验技术规程操作，利用Excel程序和“3414”田间试验设计与数据分析管理系统进行分析。

四、田间试验实施情况

1. 试验情况

（1）“3414”完全试验：共安排40点次，其中，玉米30个、马铃薯10个，试验分别设在10个乡（镇）10个村庄。

（2）校正试验：共安排60点次，其中，玉米45个、马铃薯15个，分布在10个乡

（镇）10 个村庄。

2. 试验示范效果

（1）3414 完全试验：

①玉米“3414”完全试验。共试验 30 次。综观试验结果，玉米的肥料障碍因子首位的是氮，其次才是磷、钾因子。经过各点试验结果与不同处理进行回归分析，得到三元二次方程 30 个，其相关系数全部达到极显著水平。

②马铃薯“3414”完全试验。共试验 10 次。综观试验结果，马铃薯的肥料障碍因子首位的是氮，其次才是磷、钾因子。经过各点试验结果与不同处理进行回归分析，得到三元二次方程 10 个，其相关系数全部达到极显著水平。

（2）校正试验：完成 60 点次，其中玉米 45 个，通过校正试验 3 年玉米平均配方施肥比常规施肥亩增产玉米 22 千克，减少不合理施肥折纯 3 千克，亩增产 80 千克，亩增纯收益 42.2 元；马铃薯 15 个，通过校正试验 3 年马铃薯平均配方施肥比常规施肥亩增产马铃薯 25 千克，亩增纯收益 57 元。

五、玉米测土配方施肥丰缺指标体系的建立

1. 初步建立了作物需肥量、肥料利用率、土壤养分校正系数等施肥参数

（1）作物需肥量：作物需肥量的确定，首先掌握作物 100 千克经济产量所需的养分量。通过对正常成熟的农作物全株养分分析，可以得出各种作物的 100 千克经济产量所需养分量。南郊区玉米 100 千克产量所需养分量为 N：2.57 千克，P_2O_5：0.86 千克，K_2O：2.14 千克。其计算公式为：

作物需肥量＝［目标产量（千克）/100］×100 千克所需养分量（千克）

（2）土壤供肥量：土壤供肥量可以通过测定基础产量计算。

不施肥区作物所吸收的养分量作为土壤供肥量，其计算公式为：

土壤供肥量＝［不施肥区作物产量（千克）/100 千克产量所需养分量（千克）

（3）土壤养分校正系数计算：将土壤有效养分测定值乘一个校正系数，以表达土壤“真实”的供肥量。其计算公式为：

校正系数＝缺素区作物地上吸收该元素量/该元素土壤测定值×0.15

根据这个方法，初步建立了玉米田不同土壤养分含量下的碱解氮、有效磷、速效钾的校正系数。见表 6-3。

表 6-3 土壤养分含量及校正系数

碱解氮	含量（毫克/千克）	<30	30～60	60～90	90～120	>120
	校正系数（%）	>1.0	1.0～0.8	0.8～0.6	0.6～0.4	<0.4
有效磷	含量（毫克/千克）	<5	5～10	10～20	20～30	>30
	校正系数（%）	>1.0	1.0～0.9	0.9～0.6	0.6～0.5	<0.5
速效钾	含量（毫克/千克）	<50	50～100	100～150	150～200	>200
	校正系数（%）	>0.6	0.6～0.5	0.5～0.4	0.4～0.3	<0.3

（4）肥料利用率：肥料利用率通过差减法求出。方法是利用施肥区作物吸收的养分量减去不施肥区作物吸收的养分量，其差值为肥料供应的养分量，再除以所用肥料养分量就是肥料利用率。根据这个方法，初步估计南郊区尿素肥料利用率约为31.2%、磷肥约为13.3%、硫酸钾约为28.4%。

（5）玉米、蔬菜目标产量的确定方法：利用施肥区前3年平均亩产和年递增率为基础确定目标产量，其计算公式为：

目标产量（千克/亩）＝（1＋年递增率）×前3年平均单产（千克/亩）

玉米、蔬菜的递增率为10%～15%为宜。

（6）施肥方法：最常用的是条施、穴施和全层施。玉米基肥采用条施或撒施深翻或全层施肥；玉米追肥采用条施。

2. 初步建立了玉米丰缺指标体系　通过对各试验点相对产量与土测值的相关分析，按照相对产量达≥95%、95%～90%、90%～75%、75%～50%、＜50%，将土壤养分划分为极高、高、中、低、极低5个等级，初步建立了南郊区春玉米解碱氮、有效磷和速效钾丰缺指标体系。

（1）玉米碱解氮丰缺指标及推荐施肥量：由于碱解氮的变化大，建立丰缺指标及确定对应的推荐施肥量难度很大，目前我们在实际工作中应用养分平衡法来进行施肥推荐。见图6-2、表6-4。

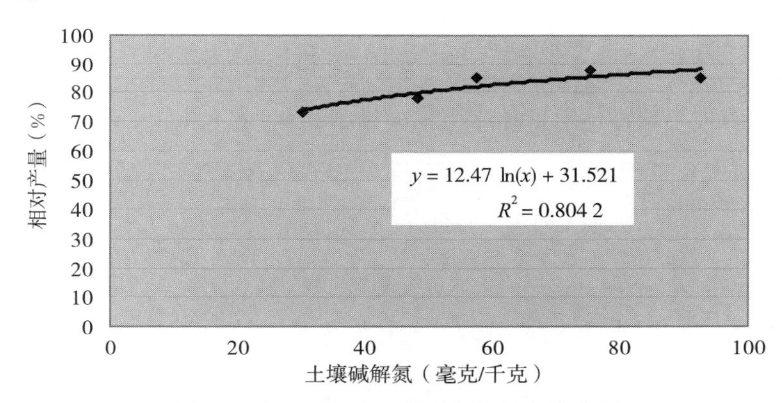

图6-2　相对产量与土壤碱解氮的相关分析

表6-4　南郊区玉米碱解氮丰缺指标及推荐施肥量

等级	相对产量（%）	土壤碱解氮含量（毫克/千克）
极高	＞95	＞160
高	90～95	120～160
中	75～90	70～120
低	50～75	30～70
极低	＜50	＜30

（2）春玉米有效磷丰缺指标：见图6-3、表6-5。

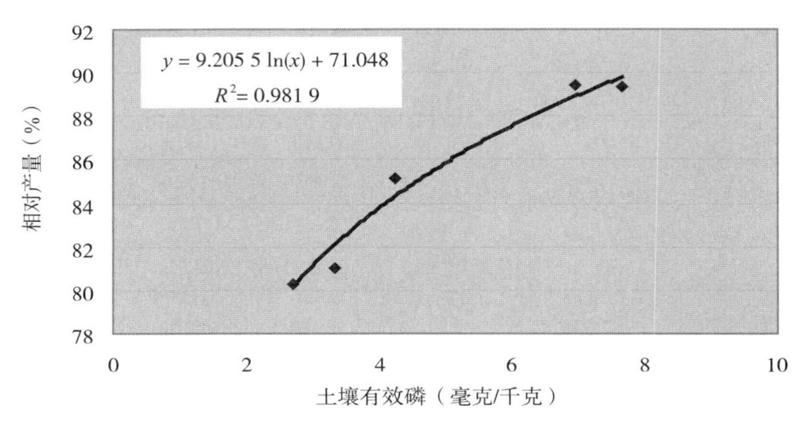

图 6-3　相对产量与土壤有效磷的相关分析

表 6-5　南郊区春玉米有效磷丰缺指标

等级	相对产量（%）	土壤有效磷含量（毫克/千克）	磷肥推荐用量（千克/公顷，P_2O_5）
极高	＞95	＞25	不需施用
高	90～95	15～25	不施或仅施种肥 15～30
中	75～90	10～15	105～120
低	50～75	3～10	105～135
极低	＜50	＜3	120～180

（3）玉米速效钾丰缺指标及推荐施肥量：见图 6-4、表 6-6。

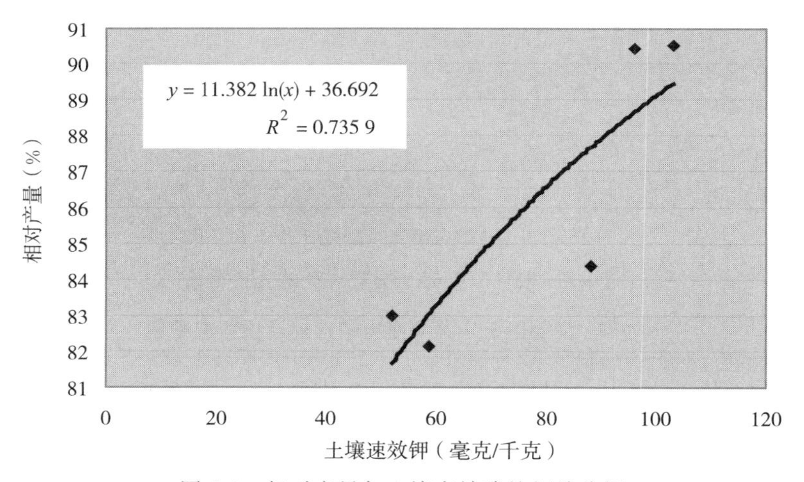

图 6-4　相对产量与土壤有效磷的相关分析

表 6-6　南郊区玉米速效钾丰缺指标及推荐施肥量

等级	相对产量（%）	土壤速效钾含量（毫克/千克）	钾肥推荐用量（千克/公顷，K_2O）
极高	＞95	＞170	不需施用
高	90～95	170～130	不需施用

（续）

等级	相对产量（%）	土壤速效钾含量（毫克/千克）	钾肥推荐用量（千克/公顷，K_2O）
中	75～90	80～130	40～85
低	50～75	50～80	40～140
极低	<50	<50	140～200

第四节　主要作物不同区域测土配方施肥技术

立足南郊区实际情况，根据历年来的玉米、马铃薯产量水平，土壤养分检测结果，田间肥料效应试验结果，同时结合农田基础条件和多年来的施肥经验等，制订了玉米、马铃薯、蔬菜配方施肥方案，提出了玉米、马铃薯、蔬菜为主体施肥配方方案，并与配方肥生产企业联合，大力推广应用配方肥，取得了很好的实施效果。

制定施肥配方的原则

（1）施肥数量准确：根据土壤肥力状况、作物营养需求，合理确定不同肥料品种施用数量，满足农作物目标产量的养分需求，防止过量施肥或施肥不足。

（2）施肥结构合理：提倡秸秆还田，增施有机肥料，兼顾中微量元素肥料，做到有机无机相结合，氮、磷、钾养分相均衡，不偏施或少施某一养分。

（3）施用时期适宜：根据不同作物的阶段性营养特征，确定合理的基肥、追肥比例和适宜的施肥时期，满足作物养分敏感期和快速生长期等关键时期养分需求。

（4）施用方式恰当：针对不同肥料品种特性、耕作制度和施肥时期，坚持农机农艺结合，选择基肥深施、追肥条施穴施、叶面喷施等施肥方法，减少撒施、表施等。

一、玉米配方施肥总体方案

根据土壤养分化验结果、田间试验结果、作物产量水平、农田基础条件，结合大量的农户施肥情况调查和施肥经验，制订了不同区域、不同产量水平的春玉米配方施肥方案。制定推荐施肥配方的原则：一是确定经济合理施肥量，优化施肥时期，采用科学施肥方法，提高肥料利用率；二是针对磷钾肥价格较高、供应紧张的形势，引导农民选择适宜的肥料品种，降低生产成本；三是鼓励多施有机肥料，提倡秸秆还田。

（1）产量水平 400 千克/亩以下：春玉米产量 400 千克/亩以下地块，氮肥（N）用量推荐为 7～8 千克/亩、磷肥（P_2O_5）用量 4～5 千克/亩，土壤速效钾含量<100 毫克/千克，适当补施钾肥（K_2O）1～2 千克/亩；亩施农家肥1 000千克以上。

（2）产量水平 400～500 千克/亩：春玉米产量 400～500 千克/亩的地块，氮肥（N）用量推荐为 8～10 千克/亩、磷肥（P_2O_5）用量 5～6 千克/亩，土壤速效钾含量<100 毫克/千克，适当补施钾肥（K_2O）1～2 千克/亩；亩施农家肥 1 000 千克以上。

（3）产量水平 500～600 千克/亩：春玉米产量在 500～600 千克/亩的地块，氮肥

(N）用量推荐为 10～13 千克/亩、磷肥（P_2O_5）6～7 千克/亩，土壤速效钾含量＜120 毫克/千克，适当补施钾肥（K_2O）2～3 千克/亩；亩施农家肥1 500千克以上。

（4）产量水平 600～700 千克/亩：春玉米产量在 600～700 千克/亩的地块，氮肥用量推荐为 13～15 千克/亩、磷肥（P_2O_5）7～9 千克/亩，土壤速效钾含量＜150 毫克/千克，适当补施钾肥（K_2O）3～4 千克/亩；亩施农家肥2 000千克以上。

（5）产量水平 700 千克/亩以上：春玉米产量在 700 千克/亩以上的地块，氮肥用量推荐为 15～18 千克/亩、磷肥（P_2O_5）9～11 千克/亩，土壤速效钾含量＜150 毫克/千克，适当补施钾肥（K_2O）4～5 千克/亩；亩施农家肥2 500千克以上。

此外，作物秸秆还田地块要增加氮肥用量 10%～15%，以协调碳氮比，促进秸秆腐解。要大力推广玉米施锌技术，每千克种子拌硫酸锌 4～6 克，或亩底施硫酸锌 1.5～2 千克。同时，要采用科学的施肥方法。一是大力提倡化肥深施，坚决杜绝肥料撒施。基、追肥施肥深度要分别达到 20～25 厘米、5～10 厘米。二是施足底肥，合理追肥。一般有机肥、磷肥、钾肥及中微量元素肥料均做底肥，氮肥则分期施用。春玉米田氮肥 60%～70%底施、30%～40%追施。

二、马铃薯配方施肥总体方案

1. 马铃薯施肥方案

（1）产量水平1 000千克以下：马铃薯产量在1 000千克/亩以下的地块，氮肥用量推荐为 4～5 千克/亩、磷肥（以 P_2O_5 计）3～5 千克/亩、钾肥（以 K_2O 计）1～2 千克/亩，亩施农家肥1 000千克以上。

（2）产量水平1 000～1 500千克：马铃薯产量在1 000～1 500千克/亩的地块，氮肥用量推荐为 5～7 千克/亩、磷肥（以 P_2O_5 计）5～6 千克/亩、钾肥（以 K_2O 计）2～3 千克/亩，亩施农家肥1 000千克以上。

（3）产量水平1 500～2 000千克：马铃薯产量在1 500～2 000千克/亩的地块，氮肥用量推荐为 7～8 千克/亩、磷肥（以 P_2O_5 计）6～7 千克/亩、钾肥（以 K_2O 计）3～4 千克/亩，亩施农家肥1 000千克以上。

（4）产量水平2 000千克以上：马铃薯产量在2 000千克/亩以上的地块，氮肥用量推荐为 8～10 千克/亩、磷肥（以 P_2O_5 计）7～8 千克/亩、钾肥（以 K_2O 计）4～5 千克/亩，亩施农家肥1 500千克以上。

2. 马铃薯施肥方法

（1）基肥：有机肥、钾肥、大部分磷肥和氮肥都应做基肥，磷肥最好和有机肥混合沤制后施用。基肥可以在秋季或春季结合耕地沟施或撒施。

（2）种肥：马铃薯每亩用 3 千克尿素、5 千克普钙混合 100 千克有机肥，播种时条施或穴施于薯块旁，有较好的增产效果。

（3）追肥：马铃薯一般在开花以前进行追肥，早熟品种应提前施用。开花以后不宜追施氮肥，以免造成茎叶徒长，影响养分向块茎输送，造成减产，可根外喷洒磷钾肥。

三、蔬菜配方施肥总体方案

1. 蔬菜施肥方案

（1）产量水平2 000～3 000千克：产量在2 000～3 000千克/亩的地块，氮肥用量基肥推荐为 8～10 千克/亩，追施 1～2 千克/亩，磷肥基施（以 P_2O_5 计）5～6 千克/亩，钾肥（以 K_2O 计）1～2 千克/亩，亩施农家肥1 500千克以上。

（2）产量水平3 000～4 000千克：产量在3 000～4 000千克/亩的地块，氮肥用量推荐为 10～12 千克/亩，追施 2～3 千克/亩，磷肥基施（以 P_2O_5 计）6～7 千克/亩，钾肥（以 K_2O 计）2～3 千克/亩，亩施农家肥1 500千克以上。

（3）产量水平4 000千克以上：产量在4 000千克/亩以上的地块，氮肥用量推荐为12～14 千克/亩，追施 3～4 千克/亩，磷肥（以 P_2O_5 计）7～8 千克/亩，钾肥（以 K_2O 计）4～5 千克/亩，亩施农家肥2 000千克以上。

2. 蔬菜施肥技术

（1）施足有机肥：施足基肥是获得蔬菜丰收的基础。一般老菜地土壤肥力较高，施用有机肥料应适量；对土壤肥力不高的新菜地，不仅应重施有机肥，而且应与磷肥混合做基肥就显得特别重要。

（2）巧施提苗肥：在基肥不足或未施种肥的情况下，要施少量提苗肥，每亩 5～7 千克尿素，促进幼苗生长。施肥时应重点偏施小苗、弱苗，促其形成壮苗。

（3）合理追肥：应以氮肥为主，并配施磷钾肥，或定期施以人、畜、禽等粪肥。

第七章　耕地地力调查与质量评价的应用研究

第一节　耕地资源合理配置研究

一、耕地数量平衡与人口发展配置研究

2012年，南郊区耕地面积约为35.070 8万亩，其中，水浇地14.240 8万亩，旱地17.04万亩。全区总人口29.2万，其中农业人口22万。人均耕地约1.2亩。南郊区位于大同市近郊，近年来，随着社会经济的逐步发展，工业用地、交通用地迅速增长，导致耕地面积逐年减少。与此同时，全区人口却在不断增加，人均占有耕地面积逐年减少。从目前来看，人均耕地相对较少，人地矛盾突出，因此，从当地民众的生存和经济可持续发展出发，在退耕还林还草的同时，应把开发未利用地和提高现有耕地的综合生产能力并重，从村级内部改造和居民点调整、退宅还田、开发复垦土地后备资源和废弃地等方面着手扩大耕地面积。

二、耕地地力与粮食生产能力分析

（一）耕地生产能力

耕地生产能力是决定粮食产量的决定性因素之一。近年来，由于种植结构调整、建设用地和退耕还林还草等因素的影响，粮食播种面积在不断减少，而人口却在不断增加，对粮食的需求量也在增加。因此，保证全区粮食需求，挖掘耕地生产潜力已刻不容缓。

耕地的生产能力是由土壤本身肥力作用所决定的，其生产能力分为现实生产能力和潜在生产能力。

1. 现实生产能力　现实生产能力是指在目前生产条件和耕作措施下的生产能力。南郊区现有耕地面积35.070 8万亩，由于干旱、瘠薄、盐渍化等因素的存在，影响了耕地的生产能力。据2009—2011年的土壤养分测试表明，全区土壤养分状况偏低，土壤有机质含量平均为21.24克/千克，属省二级水平；全氮含量平均为0.91克/千克，属省四级水平；有效磷含量平均为11.10毫克/千克，属省四级水平；速效钾含量平均为130.10毫克/千克，属省四级水平。

由于南郊区属于老菜区，土壤肥力较高，产生效益相对较高。但也存在耕作管理粗放，集约化程度低；再加之农业科学技术普及不到位，农民在种植管理过程中管理水平不高，化肥使用比例不当，忽视对有机肥的施用等原因，使得全区耕地现实生产能力一直不高。

南郊区现有耕地面积 35.070 8 万亩，其中，水浇地 14.240 8 万亩，占耕地面积的 40.61%；旱地 17.039 6 万亩，占耕地面积的 48.59%。总土地面积1 068平方千米，其中，山地 145 平方千米，占总土地面积的 13.6%；丘陵 356 平方千米，占总土地面积的 33.3%；平川 567 平方千米，占总土地面积的 53.1%。全区很大一部分耕地无灌溉条件，只能以保蓄自然水分的方式经营农业生产。而本区水土流失比较严重，所以，耕地保养尤为重要。

2. 潜在生产能力　生产潜力是指在正常的社会秩序和经济秩序下所能达到的最大产量。从历史的角度和长期的利益来看，耕地的生产潜力是比粮食产量更为重要的粮食安全因素。

南郊区是山西省较大的粮食、蔬菜生产基地区之一，土地资源较为丰富，光热资源充足。南郊区现有耕地中高产田 141 528.1 亩，占总耕地面积的 40.35%；中低产田面积 209 180.37亩，占总耕地面积的 59.65%。经过对全区地力等级的评价得出，35.070 8 万亩耕地以全部种植粮食作物计，其粮食最大平均单产可达 259.7 千克/亩。

纵观南郊区近年来的粮食、油料作物、蔬菜的平均亩产量和全区农民对耕地的经营状况，全区耕地还有巨大的生产潜力可挖。如果在农业生产中加大有机肥的投入，采取测土配方施肥和科学合理的耕作技术，全区耕地的生产能力还可以提高。从近几年玉米、马铃薯、蔬菜测土配方施肥观察点经济效益的对比来看，配方施肥区较习惯施肥区的增产率都在 5.3%以上。如果能进一步提高农业投入比重，提高劳动者素质，下大力气加强农业基础建设，特别是农田水利建设，稳步提高耕地综合生产能力，实现农林牧的有机结合，就能提高粮食产量、增加农民收入。

（二）不同时期人口、食品构成粮食需求分析预测

农业是国民经济的基础，粮食是关系国计民生和国家自立与安全的特殊产品。从新中国成立初期到现在，全区人口数量、食品构成和粮食需求都在发生着巨大变化。新中国成立初期居民食品构成主要以粮食为主，也有少量的肉类食品，水果、蔬菜的比重很小。随着社会进步、生产的发展、人民生活水平逐步提高，到 20 世纪 80 年代初，居民食品构成依然以粮食为主，但肉类、禽类、油料、水果、蔬菜等的比重均有了较大提高。到 2012 年，全区人口增至 29.2 万人，居民食品构成中，粮食所占比重有明显下降，肉类、禽蛋、水产品、肉制品、油料、水果、蔬菜、糖所占比重大幅提高。

粮食是人类生存和社会发展最重要的产品，是具有战略意义的特殊商品，粮食安全不仅是国民经济持续健康发展的基础，也是社会安定、国家安全的重要组成部分。近年来，随着农资价格上涨、劳动力成本上升、种粮效益低等因素影响，农民种粮积极性不高，农村青壮年劳力相继外出打工，在村务农者多为老弱人群，农村劳动力素质难以提高，致使全区粮食单产徘徊不前。所以，必须对全区的粮食安全问题给予高度重视。

三、耕地资源合理配置意见

在确保粮食生产安全的前提下，优化耕地资源利用结构，合理配置其他作物占地比例。为确保粮食安全需要，对南郊区耕地资源进行如下配置：在全区现有 35.070 8 万亩

耕地中，其中23.707 8万亩用于种植粮食，以满足全区人口粮食需求；其余11.363万亩耕地用于蔬菜、瓜果、甜菜、油料等作物生产。其中，蔬菜地3.326 8万亩，占耕地面积的9.4%；瓜果占地0.307 4万亩，占耕地面积的0.87%；甜菜占地0.234 5万亩，占耕地面积的0.66%；油料占地1.072 4万亩，占耕地面积的3.05%；其他作物占地6.421 9万亩。

根据《中华人民共和国土地管理法》和《基本农田保护条例》划定南郊区基本农田保护区，将水利条件、土壤肥力条件好，自然生态条件适宜的耕地划为口粮和国家商品粮生产基地，且禁止开发占用。在耕地资源利用上，必须坚持基本农田总量平衡的原则。一是建立完善的基本农田保护制度，用法律保护耕地；二是明确各级政府在基本农田保护中的责任，严控占用保护区内耕地，严格控制城乡建设用地；三是实行基本农田损失补偿制度，实行谁占用、谁补偿的原则；四是建立监督检查制度，严厉打击无证经营和乱占耕地的单位和个人；五是建立基本农田保护基金，区政府每年投入一定资金用于基本农田建设，大力挖潜存量土地；六是合理调整用地结构，用市场经营利益导向调控耕地。

同时，在耕地资源配置上，要以粮食生产安全为前提，以农业增效、农民增收为目标；逐步提高耕地质量，调整种植业结构，推广优质农产品，应用优质高效、生态安全的栽培技术，提高耕地利用率。

第二节　耕地地力建设与土壤改良利用对策

一、耕地地力现状及特点

2009年，南郊区被确定为国家测土配方施肥补贴项目区，经过3年（2009—2011年）的调查分析，共采集和评价耕地土壤样点5 000个，基本查清了全区耕地地力现状与特点。

通过对南郊区土壤养分含量的分析得知，全区土壤属性以栗钙土为主，还有风沙土、潮土、盐土、粗骨土，据2009—2011年的土壤养分测试表明，全区土壤养分状况较高，土壤有机质含量平均为21.24克/千克，属省二级水平；全氮含量平均为0.91克/千克，属省四级水平；有效磷含量平均为11.10毫克/千克，属省四级水平；速效钾含量平均为130.10毫克/千克，属省四级水平。

（一）耕地土壤养分含量不断提高

从本次调查结果看，与第二次土壤普查相比，土壤有机质增加了2.31克/千克，全氮增加了0.21克/千克，有效磷减少了2.2毫克/千克，速效钾增加了34毫克/千克。

（二）土地资源匮乏，适合设施农业发展

南郊区耕地资源比较匮乏，人均耕地约1.2亩，低于山西省人均耕地2.15亩的平均水平。其中以栗钙土面积最大，为优良的农业土壤，是南郊区的粮食、蔬菜生产基地。栗钙土是发育于洪积和冲积物母质上的土壤，面积为27.57万亩，占总耕地面积的78.6%，是南郊区的优质杂粮区，同时也是京、津风沙源治理区。

（三）平川面积大，土体多以通体型构型为主

据调查，南郊区平川主要分布在河流阶地、一级阶地、二级阶地、山前倾斜平原上，

其地势平坦，土层深厚，其中大部分耕地坡度小于3°。这部分耕地宜粮宜菜，十分有利于现代化农业的发展。

二、存在主要问题及原因分析

（一）中低产田面积较大

据调查，南郊区共有中低产田面积20.92万亩，占总耕地面积的59.65%。按主导障碍因素，共分为盐碱耕地型、坡地梯改型、干旱灌溉改良型和瘠薄培肥型4个类型。其中，盐碱耕地型1.51万亩，占总耕地面积的4.32%；坡地梯改型7.73万亩，占总耕地面积的22.05%；干旱灌溉改良型7.69万亩，占总耕地面积的21.93%；瘠薄培肥型3.98万亩，占总耕地面积的11.35%。

中低产田面积大、类型多。主要原因：一是自然条件恶劣，全区地形复杂，山、川、沟、垣、壑俱全，水土流失严重；二是农田基本建设投入不足，中低产田改造措施不力；三是农民耕地施肥投入不足，尤其是有机肥施用量仍处于较低水平。

（二）水土流失严重，土壤生态环境不良

南郊区土壤以栗钙土为主，土质疏松、透气透水性强，抗侵蚀力弱。春天易受到风蚀，夏季雨后易形成地表径流而造成水蚀，加之植被覆盖率低和生态环境遭到破坏，水土流失严重。据水保有关部门测算，南郊区每年土壤流失量为15万～21万吨，流失氮、磷、钾养分量1 300吨左右。

（三）产业化水平较低

示范区农业产业化水平比较低，表现在一是品牌理念不到位，品牌理念陈旧、意识薄弱，对品牌的创建保护工作缺乏连续性，更没有品牌进入市场的远景规划；二是由于南郊区是“贡献大区，财力小区”，造成资金不足影响创建品牌，品牌在创建保护中需大量长期、中期、短期资金，而本区的龙头企业区域性强，面临资金短缺或是在品牌中投入过于少，长期资金投入不足的问题，也就不可能产生好的市场美誉度；三是信息与技术服务不能满足企业发展需要，对农业龙头企业乃至民营企业，没有构建起市场与企业的桥梁，而是简单地推向市场，任凭他们与那些国内大型企业集团进行市场竞争；四是农产品的“三多三少”：大路产品多，优质产品少；原料产品多，深加工产品少；低档产品多，高产品少。因此，远远不能适应市民对农产品多样化、优质化、专业化的消费需求，本区每年从山东等地大量调入运进部分农产品以供应市民生活需求。

（四）农业重点不突出

农业发展重点不突出，重点项目少，资金使用分散，撒胡椒面现象严重。农业重点项目建设不够好，工作一般化、程序化、形式化问题比较严重，真正拿得出、叫得响、过得硬的东西不多。

（五）基础设施薄弱

示范区发展现代农业生产，最大的制约因素是农业基础设施薄弱。一是水利基础设施不足，可浇地面积较小，仅14万亩，不能做到旱涝保收；高效节水农田仅5万亩，大部分水地仍以大水漫灌为主，水资源浪费严重。二是设施农业基础差，50%以上的水地以种

植玉米为主，有限水资源未能转化成产业优势。目前，示范区温棚面积8 582亩、5 579栋，其中，日光温室3 026栋、大棚2 248栋、连栋棚16栋、中小拱棚289栋，设施农业规模面积小，带动能力弱，与现代高效设施农业发展要求很不适应。三是标准化养殖园区较少，目前仅34个，特别是肉羊还是以散养为主，饲养方式没有得到根本转变，集约化效应难以实现。

（六）施肥结构不合理

作物每年从土壤中带走大量养分，主要是通过施肥和作物秸秆还田来补充，因此，施肥直接影响到土壤中各种养分的含量。近几年在施肥上存在的问题，突出表现在“三重三轻”：重特色产业，轻普通作物；重复混肥料，轻专用肥料；重化肥使用，轻有机肥使用。

（七）用地多，养地差

近年来，随着农资价格上涨、劳动力成本上升、种粮效益低等因素影响，农民种粮积极性不高。耕作管理粗放，大多采取连夺式经营，地力消耗严重，难以恢复元气。

三、耕地培肥与改良利用对策

（一）多种渠道提高土壤肥力

1. 增施有机肥 近年来，由于农家肥来源不足和化肥的发展，南郊区耕地有机肥施用量不够。可以通过以下措施加以解决：一是广种饲草，增加畜禽，以牧养农；二是种植绿肥，种植绿肥是培肥地力的有效措施，可以采用粮肥间作或轮作制度；三是秸秆还田。秸秆还田是目前增加土壤有机质最有效的方法。在南郊区由于气温低，降水量少，作物秸秆腐熟较慢，应尝试秸秆粉碎还田的办法。

2. 合理轮作，挖掘土壤潜力 不同作物需求养分的种类和数量不同，根系深浅不同，吸收各层土壤养分的能力不同，各种作物遗留残体成分也有较大差异。因此，通过不同作物合理轮作倒茬，保障土壤养分平衡。要大力推广粮、油轮作，玉米、大豆立体间套作等技术模式，实现土壤养分协调利用。

（二）巧施氮肥

速效性氮肥极易分解，通常施入土壤中的氮素化肥的利用率只有25%～40%，或者更低。这说明施入土壤中的氮素，挥发渗漏损失严重。所以在施用氮肥时一定注意施肥量、施肥方法和施肥时期。科学施肥，提高氮肥利用率，减少损失。

（三）重施磷肥

南郊区地处黄土高原，属石灰性土壤，土壤中的磷常被固定，而不能发挥肥效；加上长期以来群众重氮轻磷，作物吸收的磷得不到及时补充。试验证明，在缺磷土壤上增施磷肥增产效果十分明显。施磷肥时尽可能与农家肥混施，减少磷肥与石灰性土壤的直接接触，减少磷素的固定，提高磷素的活力。

（四）因地施用钾肥

南郊区土壤中钾的含量虽然在短期内不会成为限制农业生产的主要因素，但随着农业生产进一步发展和作物产量的不断提高，土壤中有效钾的含量也会处于不足状态。所以在生产中，定期监测土壤中钾的动态变化，及时补充钾素。

（五）重视施用微肥

微量元素肥料，作物的需要量虽然很少，但对提高产品产量和品质却有大量元素不可替代的作用。据调查，南郊区土壤硼、锌、铁等含量均不高，近年来蔬菜施硼、玉米施锌，增产效果很明显。

（六）因地制宜，改良中低产田

南郊区中低产田面积比较大，提高中低产田的地力水平，对于提高全区耕地质量至关重要。因此，从实际出发采用工程措施、农艺措施、化学措施相结合的办法，综合治理提高耕地质量。同时优化调整农业内部结构，宜农则农，宜林则林，宜牧则牧，逐步培肥耕地地力，实现农业可持续发展。

四、成果应用与典型事例

谢店、高店村位于南郊区南部，距市区只有 16 千米，交通条件和地利优越；2 个村土地总面积 28 035 亩，农业人口1 785人，耕地10 428亩，人均耕地 5.8 亩。境内耕地比较平坦，地下水丰富。

盐碱地改造项目区集中在 2 个西部，面积 3 030.6 亩，主要为苏打盐化潮土和硫酸盐苏打盐化潮土，土壤母质多为冲积母质和冲洪积母质。部分地块进行了土地开发和土地整理，项目区共有机井 8 眼，可以灌溉的耕地 890 亩，为盐碱地改造创造了条件。

（一）工程措施

1. 土地平整　盐碱荒地和部分耕地地势高低不平，耕作困难，多雨季节形成局部积水；加上土壤盐分以钠离子为主，土壤结构不良，表层积水下渗困难，长时间积水；耕层土壤氧化还原电位下降，引起种植作物根系死亡或发育不良，也使土体中盐分积累，加重盐碱的危害。实施土地局部平整。一是使地块内的多余积水容易排出，减少地块内地表积水的形成；二是地块局部平整后，小块连成大块，形成完整的田块，有利于机械化耕作和各项农业技术措施的实施。土地平整实施规模 951.8 亩。

2. 生产道路建设　项目区地处南郊区最南部，乡村经济条件较差，除部分乡村间的道路外，几乎没有像样的田间路。人车行走困难，农民生产资料运输、机械作业、耕作、收获交通不便，需要修筑田间生产道路，为农业机械和农民耕作创造条件。

（二）农艺措施

1. 培肥措施

（1）增施畜禽肥和精制有机肥：项目区盐碱荒地和部分耕地植被覆盖率低，土壤有机质含量低，影响土壤肥力的提高和作物出苗，需要进行有机质的补充。所以，在中度盐渍化土壤上，每亩施用优质畜禽肥 3 吨，在轻度盐渍化土壤上每亩施用精制有机肥 150 千克，以增加土壤有机质含量，改善土壤结构，增加土壤养分，提高土壤肥力。增施畜禽肥 951.8 亩，增施精制有机肥 2 078.8 亩。

（2）测土配方施肥和盐渍化状况分析：为了更清楚地了解项目区土壤养分状况和盐渍化情况，每 50 亩采集一个耕层土样和盐渍化土壤分层土样，对每个样品进行有机质、全氮、有效磷、速效钾、pH、含盐量及盐分组成进行分析化验，及时了解土壤养分状况、土壤盐分在土壤剖面中的分布状况、盐分组成含量和土壤酸碱情况。根据化验结果制订合理的改造计划和科学的施肥方案，合理施用化肥、农家肥及盐碱地化学改良剂。项目区全部实施。

2. 耕作措施（加厚耕作层和改良剂混合） 精细整地，深耕多次旋耕，增厚活土层，减少土壤水分蒸发；抑制土壤返盐是盐碱地改造的基本措施。化学改良剂硫酸亚铁和脱硫石膏施入土壤中后，经过两次旋耕，一是改良剂和土壤充分混合，二是切断土壤毛细管。耕作层厚度由原来的 15 厘米加厚到 20～25 厘米，改良剂混合 2 次。项目区全部实施加厚耕作层和改良剂混合。

（三）化学措施

通过施用硫酸亚铁，增加土壤中 Ca^{2+}、Fe^{2+} 置换土壤胶体上的 Na^{+} 减少土壤溶液中的 Na^{+} 比例，降低土壤 pH，改善土壤理化性状。大同市土壤肥料工作站 2005—2006 年在大同区、南郊区试验，在中度盐渍化土壤上，亩施硫酸亚铁 100 千克，可有效抑制 Na^{+} 离子的危害，降低土壤 pH。玉米出苗率增加 22%，产量增加 12%，而且后效明显。中度盐渍化土壤使用硫酸亚铁每亩施用 200 千克，使用面积 951.8 亩；轻度盐渍化土壤使用硫酸亚铁 100 千克/亩，使用面积 2 078.8 亩。

第三节　农业结构调整与适宜性种植

改革开放以来，南郊区的农业和农村经济取得了突出的成绩。但是，由于受自然地理环境的限制，干旱严重，土壤肥力低，抗灾能力差，农业生产结构不合理等问题仍十分严重。特别是“十五”以来，南郊区农业发展进入受资源和市场双重约束的新阶段后，农产品价格持续低迷，农业生产效益低，农民收入增长缓慢。为了适应新阶段变化的要求，应进一步以市场为导向对全区的农业结构现状进行新的战略性调整，着力提高农产品产量和改善农产品品质，发展高产优质高效农业。着眼长远，通过综合开发利用和保护国土资源，改善生态环境，提高南郊区农业综合效益和适应市场的综合能力，实现农业增长方式的转变，保证粮食生产能长期稳定持续发展。

一、农业结构调整的原则

为适应市场经济和现代农业发展的需求，以生产优质高产高效绿色农产品为目标，在南郊区农业结构调整中应因地制宜，因势利导，遵循以下几条原则：

一是坚持市场导向，提高农产品竞争原则。

二是充分利用耕地资源评价成果，采取因地制宜，比较优势的原则。

三是保障粮食生产安全，提高耕地生产能力原则。

四是优化种植结构，提高农业效益原则。

五是保护和改善生态环境，采取协调发展原则。

二、农业结构调整的依据

目前，南郊区种植业结构布局现状是在长期耕作实践基础上，结合市场经济规律和农民生活需要，逐步自发调整而成的。也可以说是市场经济和小农经济有机结合的结果。通过本次耕地地力调查与质量评价，依据现实评价成果，查找问题，挖掘调整潜力，综合分析后，认识到目前的种植业布局还存在许多问题，需要在区域内进行深层次调整，充分发挥区域内的优势，进一步提高农业生产力和农业经济效益。在种植业结构战略性调整中，依据不同地貌类型、不同土壤类型耕地的综合生产能力和土壤环境质量两大因素，确定以下调整依据：

（1）按照不同地貌类型及不同土壤类型，因地制宜，合理规划。在农业区域布局上，宜农则农，宜林则林，宜牧则牧。

（2）按照耕地地力评价的地力等级标准，以及在各个地貌单元中所代表面积的众数值衡量，以适宜作物发挥最大生产潜力来布局，将高产高效作物布置在一级至五级耕地，合理改良利用中低产田，提高中低产田的生产能力。

（3）按照土壤环境质量评价结果，结合面源污染和点源污染土壤分布和污染程度，确定绿色无公害农产品的区域性布局。加大未污染区域的环境保护力度；重点污染区域要限期消除污染，并对土壤污染区域采取有效的降解措施；对严重污染并无法消除的耕地要放弃耕种，转作其他用途。

三、土壤适宜性及主要限制因素分析

在种植业布局中，应充分考虑各区域的自然条件、经济条件，合理利用自然资源，对布局中遇到的各种限制因素应考虑其影响的范围和改造的可行性，合理布局农业生产，最大限度地发掘耕地的生产潜力，做到地尽其力。

根据南郊区耕地地貌和地力状况，将全区耕地划分为两大区域：

（一）平川区

1. 分布区域 该区分布在十里河两岸和桑干河两岸，海拔1 050米，是南郊区优势农产品主产区。包括水泊寺、西韩岭、马军营、平旺、口泉等乡（镇），农业经济比较发达。

2. 耕地质量限制及障碍因素 该区地势平坦，田园化水平高，土层深厚，土壤质地适中，地力水平较高。土壤有机质平均值为28克/千克、全氮1.1克/千克、有效磷13.6毫克/千克、速效钾160毫克/千克，土壤熟化度好，土体疏松，通透性好。光热资源丰富，农业灌溉条件优越，保浇率达85%以上，是全区粮食主产区。主要问题是土壤肥力不高，后劲不足且极不耐旱。

（二）丘陵区

1. 分布区域 该区分布于南郊区北部丘陵区，海拔1 100米，起伏不平，冲沟发育，以种植小杂粮为主。主要分布于高山、鸦儿崖、云冈、古店、口泉等乡（镇）的部分村，土壤类型为栗钙土。

2. 耕地质量限制及障碍因素 土层深厚，质地较差，土体结构一般，水、肥、气、热不协调，无霜期短。各养分平均值有机质为16克/千克、全氮为0.76克/千克、有效磷为9毫克/千克、速效钾为114毫克/千克。主要问题是气候干旱，年均降水量380毫米左右，农业灌溉设施差，属于典型的雨养农业区。土壤侵蚀较重，土壤养分含量不足。土壤氮、磷含量低。该区应大力推广旱作农业。

四、种植业布局分区建议

根据南郊区种植业布局分区的原则和依据，结合本次耕地地力调查与质量评价结果，综合考虑各分区的气候环境条件、耕地土壤的优势和限制因素以及绿色农产品生产目标，全区种植业布局规划如下：

（一）平川玉米、蔬菜高产区

该区包括水泊寺、西韩岭、口泉、平旺、马军营等乡（镇）。

1. 区域特点 该区位于南郊区盆地，地势平坦、水源丰富，有清洪水灌溉条件，土壤肥力和耕作水平较高，人口稠密，交通便利，是全区主要粮食和蔬菜产区。

2. 作物布局 应充分利用该区丰富的光热资源，发挥耕地肥沃、地势平坦的优势，优化耕作制度，以玉米商品化生产和蔬菜无公害生产为重点，发展特色大田蔬菜和保护地蔬菜。以口泉、西韩岭、马军营3个乡（镇）为重点，发展商品粮基地；以种植玉米为主，适当发展温室四季菜。在西韩岭、平旺、口泉、马军营等乡（镇）重点发展蔬菜生产基地，蔬菜重点发展外向型的青椒、黄瓜、甘蓝、番茄、葱头和稀特菜。

3. 主要保障

（1）加大土壤培肥力度，增施有机肥，全面推广多种形式的秸秆还田，以增加土壤有机质，改良土壤理化性状。

（2）全力搞好基地建设，通过标准化建设、模式化管理、无害化生产技术应用，使基地取得明显的经济效益和社会效益。

（3）注重作物合理轮作，坚决杜绝多年连茬的习惯。

（二）丘陵马铃薯、玉米、小杂粮生产区

该区包括高山、云冈、古店、鸦儿崖等乡（镇）。

1. 区域特点 该区梁峁交错、沟壑纵横，自然植被稀疏，风蚀水蚀严重，土地不平；土壤类型主要是栗钙土，土体深厚而干燥，养分含量不高但光热资源丰富。

2. 作物布局 该区长期的种植习惯是种类多样化，以当地百姓生活所需为目的，商品生产意识淡薄。应立足当地的气候条件和生态环境，充分利用现代旱作节水技术，发展旱地杂粮、马铃薯。旱地玉米、谷黍应推广地膜覆盖种植技术和良种的应用，提高单位面积产量。该区生产的马铃薯病害少、品质好，应大力推广地膜覆盖和马铃薯脱毒种薯技术。同时，应加强无公害农产品基地建设，建立南郊区特色农产品品牌，提高农产品竞争力。

3. 主要保障

（1）加强林木更新管理，发展乔、灌、草复合植被，防止水土流失。

（2）增施有机肥，加厚耕作层，用地养地相结合，建设杂粮、油料基地。

（3）积极推广旱作节水技术和高产综合技术，提高科技含量。

（三）区城周边瓜菜区

该区位于口泉、西韩岭、平旺、马军营、水泊寺等乡（镇）。

1. 区域特点　该区地下水位高，地表板结。近年来，由于地下水位下降，再加上农业部门的综合治理，生产条件大为改观。该区水资源丰富，电、井、路、林配套比较完善，表层土壤质地多为沙壤和轻壤，水肥条件较好。

2. 作物布局　该区离区城较近，交通便利，应重点发展高效益、高附加值的经济作物。优先发展温室蔬菜和温室瓜果，稳定大路菜种植面积，扩大精品菜种植面积。同时，要加强绿色食品及无公害农产品的认证工作，把该区建成南郊绿色食品和无公害农产品生产基地及京、津和大同地区的重要外埠瓜菜基地。

3. 主要保障

（1）健全灌溉设施，发展节水灌溉，提高灌溉保证率。

（2）推广配方施肥，加强田间管理，发展间作套种，提高单位面积产量，增加经济效益。

（3）加强新品种的试验、示范和新技术的推广应用，以市场为导向，以效益为目标，不断推广新的技术和新的产品。

五、农业远景发展规划

南郊区农业远景发展规划要结合区情，立足农业可持续发展，进一步调整和优化农业结构，建立和完善全区耕地质量管理信息系统，随时服务于布局调整，从而有力促进全区农业经济快速发展。重点抓好种植业和土地利用结构调整，确保耕地生产能力稳步提高，实现耕地质量动态平衡。

（一）发展目标

到 2020 年南郊区战略构想是在 10 年内经过“二步走”使全区人均农业总产值等主要经济指标达到全国中等水平。2015 年，已实现农民人均占有耕地 1.2 亩，人均粮食占有量 212 千克，农民人均纯收入达到12 000元；到 2020 年，农民人均占有耕地 1.2 亩，人均占有粮食 220 千克，农民人均纯收入20 000元。

（二）长远规划思路

1. 农业结构调整　围绕南郊区提出的“粮、菜”两大支柱种植产业发展思路，按照确保全区人均占有粮食 212 千克以上的生产目标，保证粮食单产年均增长 2%，农民人均纯收入增长 12%，合理调整农业种植结构。2015 年，种植业为 7∶3 的种植目标，即 35.070 8 万亩耕地中，粮食占地 25 万亩，蔬菜瓜类占地 5 万亩，干鲜水果占地 0.6 万亩；到 2020 年，虽然耕地面积可能会有变化，但种植业结构仍将稳定在 7∶3 种植目标。

逐步优化特色农产品布局，发展无公害农产品基地，特别是外向型无公害蔬菜基地建设。2015 年，全区建成无公害蔬菜生产基地 2 万亩；2020 年将达到 2.5 万亩，马铃薯无公害生产基地 2 万亩。

2. 合理调整农业用地结构 根据南郊区农业结构调整长期发展思路，合理调整耕地利用结构，提高耕地质量和耕地综合生产能力。2015 年，全区耕地利用结构调整为粮食用地 70%，蔬菜用地 30%；2020 年仍将保持为粮食用地 70%，蔬菜用地 30%。

第四节　测土配方施肥系统的建立与无公害农产品生产

一、养分状况与施肥现状

（一）土壤养分状况

南郊区5 000个样点测定结果表明，耕地土壤有机质平均含量为 21.24 克/千克，全氮平均含量为 0.91 克/千克，碱解氮平均含量为 106.6 毫克/千克，全磷平均含量为 10.27 克/千克，有效磷平均含量为 11.10 毫克/千克，全钾平均含量为 122.3 克/千克，缓效钾平均含量为 670.53 毫克/千克，速效钾平均含量为 130.10 毫克/千克，有效铜平均含量为 1.05 毫克/千克，有效锌平均含量为 1.22 毫克/千克，有效铁平均含量为 6.41 毫克/千克，有效锰平均值为 6.51 毫克/千克，有效硼平均含量为 0.64 毫克/千克，有效钼平均含量为 0.24 毫克/千克，pH 平均值为 8.31，有效硫平均含量为 36.77 毫克/千克。水溶性盐平均含量为 1.7 克/千克。

（二）施肥现状

近几年，随着产业结构调整和无公害农产品生产的发展，南郊区施肥状况逐渐趋向科学合理。根据全区 320 个农户调查，全区有机肥施用总量为 175 万吨，平均亩施农家肥 1 000千克，其中菜田亩施农家肥2 500千克。2011 年，全区施用化肥11 114吨，其中氮肥 4 817吨、磷肥1 867吨、钾肥 881 吨、复合肥3 549吨，按农作物总播面积计算，全区平均亩施用化肥 23 千克。

二、存在问题及原因分析

1. 有机肥用量少 20 世纪 70 年代以来，随着化肥工业的发展，化肥高浓缩的养分、低廉的价格、快速的效果得到广大农民的青睐，化肥用量逐年增加，有机肥的施用则增速缓慢。进入 80 年代，由于农民短期承包土地思想的存在，重眼前利益，忽视长远利益，重用地，轻养地；在施肥方面重化肥施用，忽视有机肥的投入，秸秆还田率不足 5%，人畜粪尿和绿肥沤制大量减少，不仅使养分浪费，同时人畜粪尿也污染了环境和地下水源。以上各种原因造成了有机肥和无机肥施用比例严重失调。

2. 肥料三要素（NPK）施用比例失调 第二次土壤普查后，南郊区根据普查结果，对缺氮少磷、钾有余的土壤养分状况提出氮、磷配合施用的施肥新概念，农民施用化肥由过去的单施氮肥转变为氮、磷配合施用，对全区的粮食增产起到了巨大的作用。但是在一些地方由于农民对作物需肥规律和施肥技术认识和理解不足，存在氮、磷施用比例不当的问题。有的由单施氮肥变为单施磷肥，以磷代氮，造成磷的富集，土壤有效磷高达 40～50 毫克/千克，而有些地块有效磷低于 5 毫克/千克，极不均匀。10 多年来，土壤养分发生了很大变化，土壤有效磷增幅很大，一些中高产地块土壤速效钾由有余变为欠缺。根据2010年全区化肥销量计算，全区 N：P_2O_5：K_2O 使用比例为 5.4：2.1：1，极不平衡。这种现象造成氮素资源大量消耗，化肥利用率不高，经济效益低下，农产品质量下降。

3. 化肥用量不当

（1）大田化肥施用不合理：在大田作物施肥上，注重高产水地的高投入、高产出，忽视中低产田的投入。据调查，水地亩均纯氮素投入在15～20千克，而旱地和低产田则投入很少，甚至无肥下种，只有在雨季进行少量的追肥（氮肥）。因而造成高产田地块肥料浪费，而中低产田地块肥料不足、产量不高。这种不合理的化肥分配，直接影响化肥的经济效益和无公害农产品的生产。

（2）蔬菜地化肥施用超量：蔬菜是当地的一种高投入、高产出的主要经济作物。农民为了追求高产，在施肥上盲目加大化肥施用量。据调查，菜田亩纯氮素投入最高可达50千克，而磷肥、钾肥相对投入不足。这一做法虽然在短期内获得了高产和一定的经济效益，但也导致了土壤养分比例失调，氮素资源浪费，土壤环境恶化，蔬菜的品质下降，如品味下降、不耐储存、易腐烂、亚硝酸盐超标等。

4. 化肥施用方法不当

（1）氮肥浅施、表施：在氮肥施用上，农民为了省时、省力，将碳铵、尿素撒于地表，然后再翻入土中，用旋耕犁旋耕入土；有时追施化肥时将氮肥撒施地表，氮肥在地表裸露时间太长，极易造成氮素挥发损失，降低肥料的利用率。

（2）磷肥撒施：由于大多数农民对磷肥的性质了解较少，普遍将磷肥撒施、浅施，造成磷素被固定、作物吸收困难，降低了磷肥利用率，使当季磷肥效益降低。

（3）复合肥料施用不合理：20世纪80年代初期，由于土壤极度缺磷，在各种作物上施用复合肥磷酸二铵后表现了大幅度的增产，使老百姓在认识上产生了一个误区，认为该肥料是最好的肥料。随着磷肥的大量使用，土壤有效磷含量明显提高，全区土壤有效磷含量从20世纪80年代的3～5毫克/千克增加到目前的近27.7毫克/千克，造成了磷素资源的浪费。

（4）钾肥使用比例过低：第二次土壤普查结果表明，南郊区耕地土壤速效钾含量较高，能够满足作物生长的需要，但近10多年来大多数耕地只施用氮、磷两种肥料。随着耕地生产能力的提高，土壤速效钾被大量消耗，而补充土壤钾素的有机肥用量却大幅度减少，导致了土壤速效钾含量降低，影响作物特别是喜钾作物的正常生长和产量提高。

三、测土配方施肥区划

（一）目的和意义

根据南郊区不同区域地貌类型、土壤类型、养分状况、作物布局、当前化肥使用水平和历年化肥试验结果进行统计分析和综合研究，按照全区不同区域化肥肥效规律，分区划片，提出不同区域氮、磷、钾化肥适宜的品种、数量、比例以及合理施肥的方法。为全区今后一段时间合理安排化肥生产、分配和使用，特别是为改善农产品品质，因地制宜调整农业种植布局，发展特色农业，保护生态环境，促进农业可持续发展提供科学依据，进一步提高化肥的增产、增效作用。

（二）分区原则与依据

1. 原则

（1）化肥用量、施用比例和土壤类型及肥效的相对一致性。

（2）土壤地力分布和土壤速效养分含量的相对一致性。

（3）土壤利用现状和种植区划的相对一致性。

2. 依据

（1）农田养分平衡状况及土壤养分含量状况。

（2）作物种类及分布。

（3）土壤地力分布特点。

（4）化肥用量、肥效及特点。

（5）不同区域对化肥的需求量。

（三）分区和命名方法

测土配方施肥区划分为一级区和二级区。一级区（用Ⅰ、Ⅱ、Ⅲ表示）反映不同地区化肥施用的现状和肥效特点；二级区（用$Ⅰ_1$、$Ⅱ_2$表示）根据现状和今后农业发展方向，提出对化肥合理施用的要求。Ⅰ级区按地名＋主要土壤类型＋氮肥用量＋磷肥用量＋钾肥肥效相结合的命名法。氮肥用量按每季作物每亩平均施氮肥量划分为高量区（12 千克以上）、中量区（7～12 千克）、低量区（5～7 千克）、极低量区（5 千克以下）；磷肥用量按每季作物每亩平均施用磷肥量划分为高量区（7 千克以上）、中量区（3.5～7 千克）、低量区（1.5～3.5 千克）、极低量区（1.5 千克以下）；钾肥肥效按每千克钾肥增产粮食千克数划分为高效区（6 千克以上）、中效区（4～6 千克）、低效区（2～4 千克）、未显效区（2 千克以下）。Ⅱ级区按地名地貌＋作物布局＋化肥需求特点的命名法命名。根据农业生产指标，对今后氮、磷、钾肥的需求量，分为增量区（需较大幅度增加用量，增加量大于20%），补量区（需少量增加用量，增加量小于 20%），稳量区（基本保持现有用量），减量区（降低现有用量）。

（四）分区概述

根据以上分区原则、依据、方法、全区地貌、地形和土壤肥力状况，按照化肥区划分区标准和命名方法，全区测土配方施肥区划分如下：

Ⅰ　中部潮土、栗褐土氮肥中量磷肥中量钾肥中效区

$Ⅰ_1$　平川玉米稳氮稳磷补钾区

1. 分布面积及土壤属性　分布在水泊寺、西韩岭、口泉、平旺、马军营等乡（镇）。该区多属于河流一级、二级阶地，高河漫滩；母质为冲积母质、洪积母质、黄土状母质等；土壤类型为黄土状栗钙土、冲积潮土、洪积潮土、盐化潮土；该区土壤肥力最高的区域，灌溉条件好，灌溉保证率 90%，施肥水平较高，地势平坦、位置优越、交通便利，水资源丰富，为全区蔬菜主产区。农业发展水平高，亩产玉米多在 900 千克以上，蔬菜产量2 500～5 000千克，投入大，产出也多。

2. 主要特点　该区地理位置优越，围绕在区城周边，农业市场化程度高，商品蔬菜发展迅速，氮磷化肥用量较高。高产玉米地施用纯氮 25～35 千克/亩、纯磷 8～12 千克/

亩，蔬菜的施肥量甚至更多，钾肥用量相对较少，只是在蔬菜区部分地块有钾肥投入，复合肥也补充一部分。氮磷钾比例不太协调，土壤养分丰富，有机质、全氮、有效磷高于全区平均值，速效钾相对高产作物来说不是很高。

3. 对策及建议 通过对该区地理位置、灌溉条件和土壤养分含量状况等综合分析，今后在农业生产中应以发展设施蔬菜和高产玉米为主，以设施农业为目标，提高单位耕地的产量、产值和经济效益。施肥上应该减少氮肥，稳定磷肥，增加钾肥和微量元素肥料的使用，尤其盐化潮土。有效锌低于0.50～0.6毫克/千克的耕地，每亩施用纯硫酸锌1.5～2千克，蔬菜施肥量亩施氮肥25～30千克、磷肥8～12千克、钾肥3～5千克；玉米亩产700千克，施氮肥25～30千克/亩、磷肥8～10千克/亩、钾肥4～6千克/亩。

$Ⅰ_2$ 中部洪积玉米补氮补磷区

1. 分布面积及土壤属性 分布在口泉、西韩岭等乡（镇）。土壤有机质平均为28克/千克、全氮1.1克/千克、有效磷29.6毫克/千克、速效钾160毫克/千克，地形部位为平原；母质为洪积母质、黄土状母质；土壤类型为黄土状栗钙土；本区土壤肥力较高的区域，20世纪70年代是农业发展的先进典型、高产样板。土壤肥沃，灌溉条件好，灌溉保证率高，施肥水平较高，地势平坦，无霜期较长，可达125天，为全区粮食主产区。农业发展水平高，亩产玉米多在900千克，投入较大，产出也多。

2. 主要特点 该区离区城较近，交通便利。虽然传统农业发展水平较高，但是，商品蔬菜、设施农业发展滞后，农业以种植业为主，主要种植玉米等高产作物。氮磷化肥用量较高，高产玉米地施用纯氮22～30千克/亩、纯磷6～11千克/亩，钾肥用量相对较少，复合肥用量较大。氮磷钾比例比较协调，土壤养分丰富，有机质、全氮、有效磷平均稍高于全区水平，速效钾相对高产作物来说不是很高。

3. 对策及建议 该区土壤相对肥沃，水资源丰富，地势平坦，灌溉条件良好，交通方便，为南郊区粮食主产区，玉米产量一般在900千克。该区应该向蔬菜种植发展，充分利用有利的地理条件和土壤条件，土壤肥力高的地区可增加蔬菜种植规模，增加设施蔬菜的种植，提高耕地的产出效益。玉米亩产900千克，施纯氮20～25千克/亩、纯磷6～10千克/亩、纯钾2～5千克/亩。

Ⅱ 北部丘陵杂粮稳氮稳磷补钾区

1. 分布面积及土壤属性 包括高山、云冈、古店、鸦儿崖4个乡（镇），有机质平均为22克/千克、全氮0.76克/千克、有效磷23毫克/千克、速效钾114毫克/千克。地形部位为黄土丘陵为主，少部分在高山和洪积平原中上部；母质为栗钙土、黄土质母质、黄土状母质、洪积母质等；土壤类型为黄土状栗钙土、黄土质栗钙土居多。土壤肥力较低，黄土丘陵为主，地表大部分被黄土覆盖，水土流失严重。有机质及有效养分含量低，无灌溉条件，地下水补给困难，地表起伏较大，发展灌溉比较困难，交通不便，农业发展水平低。

2. 主要特点 该区土壤肥力较低，水资源缺乏，地势起伏大，大部分无灌溉条件，交通不便，为全区谷黍杂粮的主产区。玉米产量一般在300千克/亩，有机质含量一般在22克/千克，投入少，产出也少。施肥结构上，以氮肥为主，磷肥用量不足，钾肥基本不用。种植作物为玉米、谷黍等，干旱缺水、土壤侵蚀是该区的最大障碍。

3. 对策及建议 由于水土流失较重，建议以保持水土为目的，增加退耕还林还牧的比例，提高植被覆盖度。种植作物的地块，首先要加固和修筑梯田，控制水土流失。施肥上，玉米产量300千克/亩的地块，可施纯氮肥8.5～13.5千克/亩、纯磷肥3.5～5.0千克/亩，大部分不需施用钾肥；但是，速效钾低于114毫克/千克的地块，可增施纯钾肥1～2千克/亩。谷子黍子等作物可适当增加氮磷肥使用量，纯氮5～7千克/亩、纯磷肥6～7千克/亩，可用0.33～0.5氮肥做追肥；马铃薯施肥可适当增加钾肥的数量。有条件的地方发展灌溉农业、节水农业，减少干旱的危害。

Ⅲ　北部栗钙土氮肥低量磷肥低量钾肥中效区

主要分布在高山、雅儿崖、云冈、古店等乡（镇），主要土壤类型为黄土状栗钙土，种植的作物以玉米、马铃薯、谷黍为主。

$Ⅲ_1$北部平川玉米补氮补磷补钾区

分布在古店镇，主要土壤类型为黄土状栗钙土。该区土地平整，土层深厚，沙黏适中，灌排方便，土壤肥力较高，主要种植玉米、马铃薯。目前，施肥水平属于低量区，今后应增加氮磷肥的施用量，达到中量区的水平，即每年施纯氮10～15千克/亩、纯磷5～8千克/亩，另加钾肥5千克/亩。

$Ⅲ_2$　北部丘陵杂粮补氮补磷补钾区

分布在高山镇、雅儿崖、云冈，主要土壤类型为黄土质栗钙土。土地起伏较大，土壤水土流失严重，无灌溉条件，土壤肥力低下。主要种植谷黍、马铃薯等作物。目前，施肥水平处于低量或极低量水平。所以氮、磷施用量应普遍达到低量水平，即每年施纯氮5～10千克/亩、纯磷4～7千克/亩，另加钾5～7千克/亩。

（五）提高化肥利用率的途径

1. 统一规划，着眼布局 搞好测土配方施肥区划，对南郊区农业生产起着整体指导和调节作用，应用中要宏观把握，明确思路。以地貌类型、土壤类型、肥料效应及行政区域为基础划分的肥效一级区和合理施用二级区提供的施肥量是建议施肥量。具体到各区、各地因受不同地形部位和不同土壤亚类的影响，在施肥上不能千篇一律，生搬硬套，应以化肥使用区划为依据，结合当地实际情况确定合理科学的施肥量。

2. 因地制宜，节本增效 南郊区地形复杂，土壤肥力差异较大，各区在化肥使用上一定要本着因地制宜、节本增效的原则，通过合理施肥及相关农业措施，不仅要达到节本增效的目的，而且要达到用养结合，培肥地力的目的，变劣势为优势。对坡降较大的丘陵、沟壑和山前倾斜平原区要注意防治水土流失，实施退耕还林，整修梯田，林农并举。盐碱地应杜绝浅井灌溉，把增施有机肥和使用盐碱地改良材料作为主要措施。

3. 秸秆还田，培肥地力 运用合理施肥方法，大力推广秸秆还田，提高土壤肥力，增加土壤团粒结构。同时，合理轮作倒茬，用养结合；有机无机相结合，氮、磷、钾、微肥相结合。

四、无公害农产品施肥技术

无公害农产品是指产地环境、生产过程和产品品质均符合国家有关标准和规程的要求，经认证合格，获得认证证书并允许使用无公害农产品标志的未经加工或初加工的农产品。无公害农产品生产管理技术是当前最先进的农业科学生产技术，它是在综合考虑作物的生长特性、土壤供肥能力和病虫害防治以及其他环境因素的情况下，制订农作物的合理管理方案，以科学的投入保证作物健壮生长并获得最高产量和优良品质的管理技术。应用此技术可以维持土壤养分平衡，减少滥用化学产品对环境的污染，达到优质、高产、高效的目的。

（一）无公害农产品的施肥原则

1. 养分充足原则　无公害农产品的肥料使用必须满足作物对营养元素的需要，要有足够数量的有机物质返回土壤。

2. 无害化原则　有机肥料必须经过高温发酵，以杀灭各种寄生虫卵、病原菌和杂草种子，使之达到无害化卫生标准。

3. 有机肥料和微生物肥料为主的原则　科学使用有机肥不但能增加作物产量，而且能提高农产品的营养品质、食味品质、外观品质，同时还可以改善食品卫生，净化土壤环境；微生物肥料可以提供固氮、补磷、补钾等多种微生物菌种，提高土壤有益生物活性，微生物活动还能降低地下水和食品中的硝酸盐含量，缓解水体富营养化。

（二）无公害农产品的施肥品种

1. 选用优质农家肥　农家肥是指含有大量生物物质、动植物残体、人畜排泄物、生物废弃物等有机物质的肥料。在无公害农产品的生产中，一定要选用足量的经过无害化处理的堆肥、沤肥、厩肥、饼肥等优质农家肥做基肥，确保土壤肥力逐年提高，满足无公害农产品生产的需要。

2. 选用合格商品肥　在无公害农产品生产过程中使用的商品肥料有精制有机肥料、有机无机复混肥料、无机肥料、腐殖酸类肥料、微生物肥料等，禁止使用含硝态氮的肥料、重金属含量超标的矿渣肥料等。所以生产无公害农产品时一定要选用合格许可的商品肥料。

（三）无公害农产品生产的施肥技术

1. 有机肥为主、化肥为辅　在无公害农产品生产过程中一定要坚持以有机肥为主，化肥为辅。要大量增施有机肥，促进无公害农产品生产。为此要大力发展畜牧业，沤制农家肥；积极推广玉米秸秆还田技术；因地制宜种植绿肥，合理进行粮肥轮作；加快有机肥工厂化生产进程，扩大商品有机肥的生产和应用。

2. 合理调整肥料用量和比例　首先，要合理调整化肥与有机肥的施用比例，充分发挥有机肥在无公害农产品生产中的作用；其次，要控制氮肥用量，实施补钾工程，根据不同作物、不同土壤合理调整化肥中氮、磷、钾的施用数量和比例，实现各种营养元素平衡供应。目前，特别是在蔬菜生产过程中盲目大量施用氮肥，在造成肥料浪费的同时，也降低了蔬菜的品质，污染了农田环境。

3. 改进施肥方法，促进农田环境改善　施肥方法不当，不仅直接影响肥料利用率，影响作物生长和产量，而且会污染农田生态环境。因此，确定合理的施肥方法，以改善农田生态环境是农产品优质化的又一途径。氮素化肥深施，磷素化肥集中施用是提高化肥利用率，减少损失浪费和环境污染的主要措施。因此，首先要大力推广化肥深施技术，杜绝氮素化肥撒施和表施，减少挥发、淋失、反硝化所造成的污染，提高氮素化肥利用率；其次，在有条件的地方变单一的土壤施肥为土施与叶面喷施相结合，以降低土壤溶液浓度，净化土壤环境；再次，适时追肥，化肥用于追肥时，叶菜类最后一次追肥必须在收获前30天进行；最后，实现化肥与厩肥，速效肥与缓效肥，基肥与种肥、追肥合理配合施用，抑制硝酸盐、重金属等污染物对农产品的污染，大力营造农产品优质化的农田环境。

五、不同作物施肥指标体系

优良的农作物品种是决定农作物产量和品质的内因，但能否在生产中实现高产优质，还得依赖于水分、阳光、温度、土肥等外界条件，特别是农作物高产优质的物质基础肥料，起着关键性的保证作用。因此，科学合理的施肥标准对农作物增产丰收有着十分重要的意义。无公害农产品生产施肥总的思路是：以节本增效为目标，立足抗旱栽培，着眼于优质、高产、高效、生态安全，着力提高肥料利用率，采取减氮、稳磷、补钾、配微的原则，在增施有机肥和保持化肥施用总量基本平衡的基础上，合理调整养分比例，普及科学施肥方法。

在本次调查中，针对南郊区农业生产基本条件，种植作物种类、土壤肥力养分含量状况，结合“3414”田间试验和校正试验结果，制定全区主要作物施肥标准如下：

1. 玉米

（1）产量水平在400千克/亩以下：春玉米产量在400千克/亩以下地块，氮肥（N）用量推荐为7～8千克/亩、磷肥（P_2O_5）用量为4～5千克/亩，土壤速效钾含量<100毫克/千克，适当补施钾肥（K_2O）1～2千克/亩；亩施农家肥1 000千克以上。

（2）产量水平400～500千克/亩：春玉米产量400～500千克/亩的地块，氮肥（N）用量推荐为8～10千克/亩、磷肥（P_2O_5）用量为5～6千克/亩，土壤速效钾含量<100毫克/千克，适当补施钾肥（K_2O）1～2千克/亩；亩施农家肥1 000千克以上。

（3）产量水平500～600千克/亩：春玉米产量在500～600千克/亩的地块，氮肥（N）用量推荐为10～13千克/亩、磷肥用量为（P_2O_5）6～7千克/亩，土壤速效钾含量<120毫克/千克，适当补施钾肥（K_2O）2～3千克/亩；亩施农家肥1 500千克以上。

（4）产量水平600～700千克/亩：春玉米产量在600～700千克/亩的地块，氮肥用量推荐为13～15千克/亩、磷肥用量为（P_2O_5）7～9千克/亩，土壤速效钾含量<150毫克/千克，适当补施钾肥（K_2O）3～4千克/亩；亩施农家肥2 000千克以上。

（5）产量水平在700千克/亩以上：春玉米产量在700千克/亩以上的地块，氮肥（N）用量推荐为15～18千克/亩、磷肥（P_2O_5）用量为9～11千克/亩，土壤速效钾含量<150毫克/千克，适当补施钾肥（K_2O）4～5千克/亩；亩施农家肥2 500千克以上。

2. 蔬菜 叶菜类：白菜、甘蓝等，亩产3 000～4 000千克，亩施有机肥2 500千克以上、氮肥（N）11～13千克、磷肥（P_2O_5）29～46千克、钾肥（K_2O）9～14千克；果菜类：如番茄、黄瓜、青椒、葱头等，亩产4 000～5 000千克，亩施有机肥3 000千克、氮肥（N）13～17千克、磷肥（P_2O_5）34～50千克、钾肥（K_2O）9～16千克。

3. 马铃薯 亩产1 000～1 500千克，亩施有机肥1 000千克、氮肥（N）7.0～8.0千

克、磷肥（P_2O_5）4～6千克、钾肥（K_2O）5～7千克。

4. 豆类　亩产150千克左右，亩施氮肥（N）2.5～3.5千克、磷肥（P_2O_5）3～4.5千克，每千克豆种用4克钼酸铵拌种。

5. 谷黍　亩产200千克，亩施氮肥（N）5.0～6.0千克、磷肥（P_2O_5）4.0千克。

第五节　耕地质量管理对策

耕地是十分宝贵的土地资源，是人类赖以生存的物质基础。南郊区耕地人均数量少、质量水平低，后备资源不足，保护和培肥耕地，具有十分重要的意义。耕地的质量管理是农业可持续发展的重要组成部分，主要内容：一是在政策上、制度上、法律上，加强耕地资源的保护和管理，促进全社会对耕地的培肥和投入，使其数量上不致减少，质量上不断提高；二是加强中低产田改造技术和土壤培肥技术的研究，加速耕地的培肥；三是加强耕地的环境保护，减少工业“三废”对土壤的污染。本次耕地地力调查与质量评价成果为南郊区耕地质量管理提供了依据。

一、建立依法管理体制

（一）工作思路

以发展优质高效、生态安全农业为目标，以提高耕地地力和土地生产能力为核心，以中低产田改良利用为重点，通过调整农业种植结构、增加耕地投入和技术投入、合理配置现有农业用地，提高耕地单位面积产量和种植业的效益，增加农民收入，为南郊区及周边地区生产出更多更好的农产品。

（二）建立完善行政管理机制

1. 建立依法管理体制，制定总体规划　根据本次调查结果，认真分析南郊区土壤存在的主要问题和限制因素，分区制定改良措施，认真研究实施方案和技术标准，全面制定全区耕地地力建设规划和中低产田改良利用总体规划。

2. 建立依法保障体系　制定并颁布《南郊区耕地质量管理办法》和《南郊区中低产田改良利用管理办法》，设立专门耕地质量监测管理机构，分区布点、动态监测，建立耕地质量档案和耕地土壤肥力补偿机制，检查检验主要污染区域的土壤污染情况。加强中低产田改造工作，做到谁投资谁受益，保护投资者的利益，促进全区中低产田生产能力的提高及荒地、荒滩的开发利用。

3. 加大资金投入　一是区政府要加大资金支持，区财政每年从农发资金、土地出让金中列支专项资金，用于全区中低产田改造和耕地污染区域综合治理，建立财政支持下的耕地质量信息网络；二是完善土地开发和耕地培肥的市场机制，拓宽中低产田改造的融资渠道，吸引更多的企业、个人和社会各界进行中低产田的改良和开发，依照国家法律，制定地方法规，保证投资人的利益不受侵犯。

（三）加强土壤培肥和土壤改良的技术储备

1. 培肥土壤　农业部门要认真搞好土壤培肥技术的研究和技术引进，搞好土壤培肥技术的推广，组织区、乡农业技术人员实地指导，组织农户广泛开辟肥源，增加有机肥料投入。如秸秆还田、种植绿肥、合理轮作、平衡施肥、客土改良、施用生物菌肥等多种途径培肥土壤，提高耕地土壤肥力和生产能力。使农业增产、农民增收，提高农民增加耕地投入、培肥地力的自觉性和积极性。

2. 改良中低产田 南郊区中低产田面积占总耕地面积的59.65%，约20.92万亩，严重制约了全区农村经济的发展和农民收入的提高。必须下功夫进行中低产田改造。一是盐渍化土壤，地势平坦、地下水资源丰富，人口密集，交通便利，土地资源十分宝贵，主要改良措施为采用井灌井排，降低地下水位，配合化学改良措施和农业生物培肥措施，控制地下水位和土壤返盐；二是干旱灌溉型土壤，要重视水源开发，平田整地，发展灌溉农业和节水灌溉技术；三是坡地梯改型耕地，以新修和整修梯田为主，减少水土流失，同时做好土壤培肥工作；四是瘠薄培肥型土壤，要重点推广旱作农业技术，广泛开辟肥源，增施有机肥，深耕保墒，轮作倒茬，粮草间作，扩大植被覆盖率，达到增产增效目标。提高耕地保水保肥性能，实现增产增效目标。

二、建立和完善耕地质量监测网络

南郊区境内有冶炼、化工、建材、电厂、同煤集团等污染企业，耕地主要污染元素为镉、铅等。随着全区工业化进程不断加快，工业“三废”对农业的污染日趋严重，建立耕地质量监测网络，加强耕地环境质量监测和环境保护是十分必要和必需的。

（一）政策措施

1. 设立组织机构 耕地质量监测网络建设涉及环保、土地、水利、农业等多个方面，建议区政府协调各部门，由区政府牵头，各职能部门参与，成立依法行政管理机构，建立耕地质量管理档案和主要污染区耕地环境监测档案，强化监测手段，提高行政监测效能。

2. 加大宣传力度 采取多种途径和手段，加大《中华人民共和国环境保护法》宣传力度，大力宣传环境保护政策及环保科普知识，加重排污企业的监测力度和处罚力度，对不同污染企业采取烟尘、污水、污碴分类科学处理转化。对污染严重又难以治理的企业，坚决关停或转产。提高农民的环保意识，杜绝用污水灌溉农田，严禁使用高毒高残留农药等，减少土壤污染。

3. 加强农业执法管理 由南郊区农业、环保、质检等行政部门组成联合执法队伍，宣传农业法律知识，坚决打击制造销售禁用农药、化肥和伪劣农资的行为。

（二）技术措施

1. 加强农业环保技术的引进和推广 对工业污染河道及周围农田，采取有效的物理、化学降解技术，降解铅、镉及其他重金属污染物，并在河道两岸50米栽植花草、林木，净化河水，美化环境；对化肥、农药污染农田，要划区治理，积极利用农业科研成果，组成科技攻关组，引进降解剂，逐步减轻和消解农田污染。

2. 应用达标农资 土肥、植保部门要筛选确保农作物优质、安全的化肥、农药，确定南郊区主要推广品种，实行贴标销售，农业部门全面组织推广。同时，要加大市场监管力度，查封伪劣产品，减少污染，提高效益。

3. 推广农业综合防治技术　在增施有机肥降解大田农药、化肥及垃圾废弃物污染的同时，积极宣传推广微生物菌肥，改善土壤结构，调节土壤酸碱度，增加土壤的阳离子代换能力，减轻土壤污染对作物的危害；对由于土壤污染严重，影响农产品质量和人民健康的地块或区域，应坚决停止种植蔬菜和粮食作物，可作为植树造林基地或苗木生产基地。

三、扩大无公害农产品生产规模

无公害农产品是指产地农业生态环境良好，同时在生产过程中又按特定的农产品生产技术规程进行生产，并能将有害物质控制在规定的标准内，最后由授权部门审定批准，颁发无公害农产品证书的一种农产品。随着人民生活水平的提高，农产品出口逐年增加，在国际农产品质量标准市场一体化的形势下，扩大全区无公害农产品生产，成为满足社会消费需求，增加农民种植业的收入。

（一）无公害农产品生产的可行性

从本次耕地地力综合评价结果看，南郊区耕地土壤环境质量总体良好，大多数耕地符合绿色食品产地条件和无公害食品生产环境条件。因此，在南郊区选择优良灌溉条件的高养分耕地生产无公害农产品是可行的。

（二）扩大无公害农产品生产规模

根据耕地地力调查与质量评价结果，制订南郊区绿色无公害农产品发展计划，扩大绿色无公害农产品的生产规模，首先选择无工业污染、农业生产条件较好的乡（镇），充分发挥区域优势，合理布局，扶持和发展绿色无公害农产品。选择典型农户作为无公害农产品生产示范，让优先生产无公害农产品的农民和农业生产经营者真正得到实惠，并广泛宣传发展绿色无公害农产品的重要意义，以点带面逐渐向全区推广。“十二五”期间，首先是在瓜菜生产上，发展无公害瓜、蔬菜2万亩，如青椒、甘蓝、番茄、大葱、西瓜、香瓜、葱头等；其次是在粮食生产上，在平川区乡（镇）发展10万亩无公害优质玉米。

（三）配套管理措施

1. 建立组织保障体系　在区委、区政府的领导下，由南郊区农业委员会牵头成立无公害农产品生产领导组，组织实施无公害农产品生产项目，负责全区无公害农产品生产过程的监督管理、技术指导、证书申报等工作，列入政府工作计划和经费计划，配备设备和工作人员，制定工作流程，强化监测检验手段，保证无公害农产品的质量。

2. 打造绿色品牌　抓好南郊区北村西瓜、石家寨香瓜、落里湾葡萄等名优特产品牌建设，已申报注册，加大市场营销宣传，进一步做大做强优势产业。

3. 制定技术规程　要针对无公害农产品基地建设要求，制定无公害农产品生产技术规程并严格按照规程执行，实行标准化生产。施肥上按照技术规程，分区明确施肥品种与标准，按照缺什么补什么、配方高效的原则，因作物、因品种完善方案，把平衡施肥技术具体应用到无公害农产品生产中；在病虫害防治上，物理性防治、生物防治和化学防治相结合，优先进行物理生物防治。

4. 建设示范园区　农业部门要在建设无公害农产品基地中，分作物建设中心示范园区，高标准落实技术规程，严格实施科学栽培、平衡施肥、病虫害综合防治、良种应用等农业技术，形成高效增收的示范样板。并作为培训基地，组织农民观摩，用区域种植辐射带动基地建设。

5. 培育龙头企业 积极扩大山西华晟果蔬饮品有限公司等加工企业的营销体系，延长产业链条，设立信息平台，扩大宣传，组织专业营销队伍，实行产业化经营。

四、加强农业综合技术培训

20 世纪 80 年代，南郊区就初步建起了以区农业技术推广中心为龙头的区、乡、村三级农业技术推广网络，全面负责农业技术培训，农业工程项目的组织与实施，农业新技术的试验、引进和推广等，在全区各乡村设立农业科技试验示范户2 500多个，先后开展了玉米、马铃薯、蔬菜等优质高产高效生产技术培训，推广了旱作农业技术、节水灌溉技术、旱地免耕技术、玉米地膜覆盖和生物覆盖、双千创优工程及设施蔬菜“四位一体”综合配套技术，每年培训农民 2 万余人次，技术推广面积 25 万亩次。

近几年，南郊区农业综合技术培训工作在大同市农业系统一直保持领先，旱作农业、测土配方施肥、节水灌溉、生态沼气、蔬菜水肥一体化生产技术推广已取得明显成效。所以一定要充分利用这次耕地地力调查与质量评价的结果，进一步做好以下几项技术培训：一是加强农业结构调整与耕地资源有效利用的目的及意义；二是南郊区耕作土壤存在的主要问题和中低产田改造技术；三是耕地地力环境质量建设与配套技术推广；四是无公害农产品生产技术操作规程；五是农药、化肥与农业环境污染及其安全施用技术；六是农业法律、法规、环境保护相关法律的宣传培训。使全区农民掌握必要的农业环境保护知识与中低产田改造等生产实用技术，推动全区耕地地力建设和农业生态环境保护工作的开展，不断提高全区耕地地力水平和耕地生产能力，促进农民收入的提高，以满足日益增长的人口和物质生活需求，为社会主义新农村建设、为全面建设小康社会打好坚实的基础。

第六节　耕地资源管理信息系统的应用

南郊区耕地地力调查与质量评价是继第一、第二次土壤普查之后，又一全面系统地调查全区耕地资源现状，并在全国耕地资源管理信息系统的基础上建立了南郊区耕地资源管理信息系统，对耕地资源进行科学评价、科学管理，为合理利用土地资源提供科学依据和决策支持。

该系统以区内耕地资源为管理对象，应用卫星遥感（RS）、全球定位系统（GPS）、田间测量仪器等现代技术对土壤-作物-水体-大气生态系统进行动态监测；应用地理信息系统（GIS）构建耕地基础信息系统，并将此数据平台与土壤水分运动规律、土壤养分的转化和迁移、作物生长动态等模型相结合，建立一个适合本区实际情况的耕地资源智能化管理系统，为农民、农业技术推广人员以及农业决策者提供作物种植规划、科学施肥、合理灌溉等农事建议，在提高农产品品质，提高产量节约成本的同时，保持或提高耕地生产能力，减轻农事对环境的影响。

一、决策依据

系统通过RS、GPS、GIS获得南郊区耕地的各种信息，以耕地资源管理信息系统为平台，把各种信息都储存进去，并对这些信息进行处理、分析、管理，反映区内耕地的利用现状，土壤肥力状况、作物的生长状况。为全区的农业种植区划、合理灌溉、科学施肥技术提供技术指导。南郊区政府及农业有关部门的领导可以利用现有的和不断更新的丰富的信息资源，结合南郊区的实际情况，做出促进农业生产向高效、优质、可持续发展的科学决策。利用该系统提供的信息对农业生产进行预测，对自然灾害，做出及时的预测、预报，并布置相应的防患措施，利用该系统对农业生产提供指导性建议，为农业综合开发和当地经济发展服务。

二、动态资料更新

耕地资源管理信息系统为业务主管部门提供及时、可靠的耕地资源管理方面的信息，它可将生产者-研究者-决策者有效地联系在一起，形成高效的南郊区耕地资源管理反应机制。系统管理人员应及时搜集数据，定义数据结构，对数据进行国际化、标准化处理，并按各专业数据库结构要求，提交生产管理所需的各类数据与可供图形数字化的图件。系统管理人员还应对系统数据库进行及时更新，根据区内各种更新的资料及时进行调整，同时定期进行土壤肥力监测，掌握土壤养分的动态变化，为平衡施肥提供最新的依据。依据系统提供的数据，对农业生产进行预测、评价模拟，对农业生产调整提供依据和建议，为领导决策提供依据。

三、耕地资源的合理配置

南郊区是农业生产大区，近年来区委、区政府对农业生产发展十分重视，耕地管理系统为全区的耕地资源进行了评价，为全区耕地资源的合理利用、优化了土地资源配置提供依据。耕地资源的合理配置在农业结构调整和提高种植业生产效益方面发挥着重要作用，在信息化发展的今天，利用RS、GPS、GIS对耕地资源进行合理配置的必要性也日趋明显。依靠耕地资源管理信息系统的相关信息，结合全区的实际情况，利用存储在计算机中的数据，进行科学的处理、分析，对耕地资源的合理配置提出建议，保证耕地资源的合理、高效利用。

四、土、肥、水、热资源管理

应用信息技术管理土、肥、水、热资源时，可以实现农业生产的高效益和资源的合理利用。信息系统应用于养分资源管理，能指导区域性营养要素的合理配置，促进肥料的合理利用。应用这个系统可以起到减少化肥量的使用，提高化肥的利用率。农田灌溉信息系统，可以充分提高水资源利用效率，有效降低投资，进而改善土壤水分状况。耕地资源管理信息系统随时对土壤热状况进行监测，通过各种仪器获得相应数据，通过计算机分析、评价土壤热状况，并提出指导土壤资源管理具体意见。利用该系统对土、肥、水、热状况进行综合分析，为农业决策者提供依据。

耕地资源管理信息系统在土、肥、水、热管理方面应加强以下工作：一是完善计算机管理决策支持系统，及时进行模拟决策；二是通过进入其他省、区，以致全国和全球的信息网络进行交流；三是通过进入外部的信息网络，广泛获取各种先进的科学技术信息及先进的生产技术，不断提高耕地的生产能力，获取最佳效益。

五、科学施肥体系与灌溉制度的建立

（一）建立科学施肥体系和灌溉制度的意义

南郊区农业在经济收入中占有重要的地位。近年来，随着人民生活水平的提高和人们对食品高质量的要求，农业生产就必须科学、优质、高效。建立科学施肥体系和灌溉制度已成为发展农业生产的必然趋势。

建立一套完整的科学施肥系统和灌溉制度，对农业生产中施肥和灌溉环节予以现实反应，进而分析其原因，并提出可行建议，指导施肥、灌溉。科学施肥即使化肥的施用科学合理，提高肥料的利用率，又不污染地下水；合理的灌溉制度，不但可以提高灌溉水的利用率，又可减少水资源的浪费。科学合理地指导施肥、灌溉，提高农产品产量和品质，促进耕地资源的可持续发展。

（二）科学施肥体系与灌溉制度建立的原则

1. 科学性 施肥、灌溉体系必须建立在科学的基础上，唯有如此才能客观、准确地反映农业生产中施肥、灌溉的现状，并据此提供出可行、科学的施肥、灌溉方案。这就要求该体系的设定要多方面征求意见，集思广益，指导规范，既符合理论，又符合实际情况，具有科学性。

2. 系统性 由于施肥、灌溉与农业生产有着密切联系，而影响施肥、灌溉效应的因素是多方面的，各因素之间也存在着相互联系，所以必须用系统的科学思想建立这一系统。

3. 引导性 施肥、灌溉系统的建立就是为了服务农业、服务农民，所以系统的建立要引导农业生产以科学、高效、优质、持续发展为目的。

（三）科学施肥体系与灌溉制度的建立和应用

1. 指导内容 根据科学施肥和合理灌溉的内涵，结合南郊区不同区域的实际情况，通过对全区施肥、灌溉现状的分析，给予科学的指导。

2. 指导目标 从科学施肥和合理灌溉的原则出发，对农户的施肥、灌溉时间、数量和方法各方面予以指导，以达到既能合理利用资源，培肥土壤，又能提高农产品的品质和产量，保证其可持续发展。

3. 应用 建立系统时要充分收集南郊区的肥效试验、灌溉试验的数据，对其予以分析、总结，再进入计算机与该系统相结合，得出合理的施肥、灌溉体系，服务于农业生产，为政府做农业发展规划提供科学依据。

六、信息发布与咨询

耕地资源管理信息系统依据其占有大量信息资源的优势，对掌握的耕地现状信息予以及时公布，使决策者、农业生产者能掌握最新的信息，合理应对农业生产中出现的问题。该系统将获得的信息予以处理，作出相应的应对建议，及时向农民通报。将获得的先进技术及时向农民传授，辅助农民发展农业生产。信息中心也应设立农民咨询专线，解决农民在生产中遇到的实际问题，给农民以技术指导和帮助。

综上所述，农业的信息化，已成为促进农业发展的一个重要手段，因此，在耕地资源管理的过程中，必须加快农业信息化的进程，以信息化带动耕地资源管理的科学化，选择一套适合南郊区实际情况的耕地资源管理模式，实现农业生产跨越式发展。

第七节 盐碱地改造技术研究与对策

南郊区是大同市盐碱地分布区。20 世纪 80 年代，全区耕地中盐碱地面积近 11.1 万亩，占总耕地面积的 31.6%。春天白茫茫，夏天水汪汪，南郊区的农业立地条件由此可见。针对这一情况，从 2010 年开始，紧紧抓住国家重视中低产田改造和耕地质量建设的契机，把治理盐碱地作为改善农业生产基本条件、拓展农业发展空间，促进农业可持续发展和农民持续增收的重要举措，总体规划、分类整理、多策并举、全面推进，取得了明显成效。

一、现状及问题

（一）基本情况

南郊区盐碱土壤面积大，根据第二次全国土壤普查，全区盐碱地面积 14.7 万亩，其中耕地面积 11.1 万亩，占盐碱地面积 75.5%。在盐碱地耕地中，属于中低产田 6.5 万亩，占盐碱地耕地面积 58.6%。从盐碱危害程度可分为轻度盐碱 7.4 万亩，中中度盐碱 1.2 万亩，中度盐碱 6.1 万亩。盐碱地耕地面积占全区总耕地面积的 31.65%，分为潮土和盐土两个土类。属河流冲积低平原，其地势平坦，土层深厚，水肥条件较好，有利于发展农业。但由于涝渍盐碱危害严重，致使作物捉苗难且生长发育不良，产量低而不稳，甚至大片荒芜，是限制南郊区农作物产量的一个主要障碍因素。因此，南郊区改良盐碱地对实现农业生产新突破举足轻重。本次耕地地力评价，南郊区中低产田中盐碱耕地型面积 1.51 万亩，占总耕地面积的 4.32%。

（二）土壤养分状况

南郊区地带性土壤属栗钙土。地形地貌北部、西部、西南部为黄土丘陵区和低山区，土壤母质以黄土母质、黄土状母质为主和残积母质，东部、南部及中部为盆地区，土壤母质以黄土状母质、河流冲积物和洪积物为主，盐渍化土壤就分布在这个区域。总体土壤肥力水平较高，土壤有机质平均 21.24 克/千克、全氮 0.91 克/千克、有效磷 11.10 毫克/千克、速效钾 130.10 毫克/千克。

二、改良措施

（一）工程措施

1. 土地平整 盐碱荒地和部分耕地地势高低不平，耕作困难，多雨季节形成局部积水，加上土壤盐分以钠离子为主，土壤结构不良，表层积水下渗困难。长时间积水，耕层土壤氧化还原电位下降，引起种植作物根系死亡或发育不良，也使土体中盐分积累，加重盐碱的危害。实施土地局部平整，一是使地块内中多余积水容易排出，减少地块内地表积水的形成；二是地块局部平整后，小块连成大块，形成完整的田块，有利于机械化耕作和各项农业技术措施的实施。

2. 生产道路建设 项目区地处南郊区最南部，乡村经济条件较差，除去部分乡村间的道路外，几乎没有像样的田间路。人车行走困难，农民生产资料运输、机械作业、耕作、收获交通不便，需要修筑田间生产道路，为农业机械和农民耕作创造条件。

（二）农艺措施

1. 培肥措施

（1）增施畜禽肥和精制有机肥：项目区盐碱荒地和部分耕地，植被覆盖率低，土壤有机质含量低，影响土壤肥力的提高和作物出苗，需要进行有机质的补充，所以在中中度盐渍化土壤上，每亩施用优质畜禽肥 3 吨，在轻度盐渍化土壤上每亩施用精制有机肥 150 千克，以增加土壤有机质含量，改善土壤结构，增加土壤养分，提高土壤肥力。增施畜禽肥，增施精制有机肥。

（2）测土配方施肥和盐渍化状况分析：为了更清楚地了解项目区土壤养分状况和盐渍化情况，每 50 亩分别采集一个耕层土样和盐渍化土壤分层土样，对每个样品进行有机质、全氮、有效磷、速效钾、pH、含盐量及盐分组成进行分析化验，及时了解土壤养分状况、土壤盐分在土壤剖面中的分布状况、盐分组成含量和土壤酸碱情况，根据化验结果制订合理的改造计划和科学的施肥方案，合理施用化肥、农家肥及盐碱地化学改良剂。

2. 耕作措施（加厚耕作层和改良剂混合） 精细整地。深耕多次旋耕，增厚活土层，减少土壤水分蒸发，抑制土壤返盐，是盐碱地改造的基本措施。化学改良剂硫酸亚铁和脱硫石膏施入土壤中后，经过两次旋耕一是改良剂和土壤充分混合，二是切断土壤毛细管。耕作层厚度由原来的 15 厘米加厚到 20～25 厘米，改良剂混合两次。

（三）化学措施

通过施用硫酸亚铁，增加土壤中 Ca^{2+}、Fe^{2+}，置换土壤胶体上的 Na^{+}，减少土壤溶液中的 Na^{+} 比例，降低土壤 pH，改善土壤理化性状。大同市土壤肥料工作站 2005—2006 年在大同县、南郊区试验，在中中度盐渍化土壤上，亩施硫酸亚铁 100 千克，可有效抑制 Na^{+} 的危害，降低土壤 pH，玉米出苗率增加 22%，产量增加 12%，而且后效明显。中度盐渍化土壤使用硫酸亚铁每亩施用 200 千克，轻度盐渍化土壤使用硫酸亚铁 100 千克/亩。

第八节 设施蔬菜标准化生产对策

南郊区是一个农业大区，蔬菜种植历史悠久，主要分布在水泊寺、马军营、口泉、平旺、西韩岭等乡（镇）。土壤多属栗钙土、潮土，地势平坦，灌溉方便，耕性适中，是发展蔬菜的良好基地。设施蔬菜起步于20世纪70年代。近年来，全区不断推动设施蔬菜向规模化、集约化、标准化、现代化的方向迈进，实现了设施蔬菜建设的新突破。

一、设施蔬菜主产区耕地质量现状及生产技术规程

本次调查结果显示，设施蔬菜主产区的土壤理化性状为：蔬菜主产区耕地土壤有机质平均含量为24.4克/千克，全氮平均含量为0.95克/千克，碱解氮平均含量为116.24毫克/千克，全磷平均含量为11.06克/千克，有效磷平均含量为17.76毫克/千克，全钾平均含量为123.4克/千克，缓效钾平均含量为760.73毫克/千克，速效钾平均含量为130.10毫克/千克，有效铜平均含量1.05毫克/千克，有效锌平均含量为1.22毫克/千克,有效铁平均含量为6.41毫克/千克，有效锰平均值为6.51毫克/千克，有效硼平均含量为0.64毫克/千克，有效钼平均含量为0.24毫克/千克，pH平均值为8.31；有效硫平均含量为36.77毫克/千克，水溶性盐平均含量为1.7克/千克。

相应技术规程，该规程规定了保护地无公害茄科类蔬菜生产的产地环境条件、产量指标、栽培技术、病虫害防治措施。

该规程适用于南郊区行政区域内高效节能日光温室及其他保护地形式的无公害茄科类蔬菜生产。

规范性引用文件：

GB 5084—1992 农田灌溉水质标准

GB 16715.3—1999 瓜菜作物种子 茄果类

GB 18406.1—2001 农产品安全质量 无公害蔬菜安全要求

GB/T 18407.1—2001 农产品安全质量无公害蔬菜产地环境要求

DB13/T 453—2001 无公害蔬菜生产 农药使用准则

DB13/T 454—2001 无公害蔬菜生产 肥料施用准则

（一）生产基地环境条件

1. 前茬 非茄科蔬菜。

2. 生产基地 应选择远离工厂、医院、公路主干线等污染源，排灌方便，土层深厚，有机质含量在15克/千克以上，环境质量符合GB/T 18407.1规定的农田。

3. 危险物的管理 有毒、有害的化学产品应当遵守国家有关的法律、法规，不应在温室内存放。

4. 灌溉水质 农田灌溉用水质量应符合GB 5084的规定。

（二）农药肥料使用要求

农药使用应符合DB13/T 453的规定。

肥料施用应符合 DB13/T 454 的规定。

（三）产量指标

甜椒产量指标为5 000～6 000千克/亩，尖椒产量指标为3 000～4 000千克/亩，番茄产量指标为5 000～6 000千克/亩。

（四）技术措施

1. 品种选择 应选用抗寒、耐热、抗病、肉厚色浓适宜当地栽培的优良品种，种子质量应符合 GB 16715.3 的规定。

2. 种子处理

（1）用两份开水兑一份凉水，水温 55℃温汤浸种，水为种子体积的 5 倍；把种子倒入并不断搅拌，恒温 10 分钟；当水温降至 30℃左右时停止搅拌，继续浸泡 12 小时，漂去秕籽，用水洗干净。

（2）催芽温度控制在 20～28℃，每天漂洗 1 次，脱水变温处理。

3. 营养土配制 床土要用 3 年以上没种过茄科的菜田表土，肥料应选用充分腐熟发酵的马粪、圈粪、大粪干等，肥料占田地的比例为 30%～40%；每平方米播种床土用 50%多菌灵和 70%甲基托布津 1∶1 混合药 8 克，与床土混合过筛。分苗床土与播种床土的要求基本一致。

4. 播种

（1）待种子有 50%的发芽，即可播种，用药土底铺上盖。

（2）保护地茄科类蔬菜播种期为 12 月上中旬。

5. 播种后至分苗前的管理 白天温度控制在 28～32℃，夜间 18～20℃；6～7 天可出苗，撒一层细土弥补裂缝，保墒防倒；齐苗后白天温度控制在 25～28℃，夜间 20～15℃，及时间苗。分苗前 3 天注意进行低温炼苗（即白天温度应控制在 20～25℃，夜间10～15℃）。

6. 分苗至定植前的管理

（1）分苗方法：双株分苗，株行距 10 厘米×10 厘米，先开沟、浇水、摆苗、覆土。也可用营养钵分苗。

（2）温度管理：分苗后 7 天内保持较高温度促缓苗，白天 28～30℃，夜间 17～20℃；缓苗后降温防徒长，白天 25～28℃，夜间 15～17℃；定植前 10 天进行幼苗锻炼，白天 15～20℃，夜间 8～10℃。

（3）水分管理：分苗后至缓苗一般不浇水。以后根据苗床墒情用喷壶来补充水分，要求土壤湿度为 70%～80%。

（4）其他措施：定植前用病毒 A 1 000倍与高锰酸钾1 000倍混合喷苗。如在地下分苗，定植前 5 天一定要围苗。

7. 定植

（1）整地施肥：定植前结合耕地施优质有机圈肥5 000千克/亩、磷酸二铵 50 千克/亩、饼肥 200 千克/亩、硫酸钾 20 千克/亩，做成 10 厘米高畦。

（2）定植时间：早春大棚一定要在晚霜过后定植（3 月 20 日左右）。

（3）定植密度：采用大小行定植，大行距 60 厘米，小行距 40 厘米，依品种特性决定株距，每亩穴数3 500左右，一穴双株。

（4）定植方法：选晴天上午定植，先摆苗，后浇水，再覆土。

（5）定植后的管理：重点是防寒保温促进缓苗，缓苗前不放风，晚揭、早盖草苫，白天28～30℃，夜间18～20℃；缓苗后适当降温，白天25～30℃，夜间15～17℃，通过揭盖草苫的早晚和通风口大小来调节温度和湿度，定植后10天在高垄上覆盖地膜，形成暗沟，便于整个生育期追肥浇水用。

8. 结果期管理

（1）温度管理：白天26～28℃，夜间15～18℃。

（2）水分管理：要求土壤含水量60%～70%，前期1～15天浇水1次，浇水要见干、见湿，防止大水漫灌。春天随气温回升，浇水要适当缩短间隔天数，要求空气相对湿度为80%为宜。

（3）追肥：当门椒50%株植长到直径3～5厘米时，结合浇水第一次追肥，施尿素15千克/亩，以后每层果膨大时追肥一次，化肥和有机肥交替使用，注意要少量多次。

（4）植株调整：及时去掉第一分枝下边的掖芽，摘除下边的老叶、黄叶、病叶，有条件的要进行人工二氧化碳施肥，及时进行叶面喷肥。

（5）采收：定植后40～50天开始采收，门椒和对椒适当早收，为防折断枝条应用剪刀剪收。

（五）病虫害防治

1. 防治原则　贯彻预防为主，综合防治，以农业防治措施为基础。例如，利用天敌，选用抗生素，植物源杀虫。优先使用生物农药，辅之以高效、低毒、低残留的化学农药。

2. 防治方法

（1）病害防治方法：

①猝倒病和立枯病。在苗床土壤消毒的基础上，苗期严防浇大水和长期低温。对中心病区及时用瑞毒霉5克/平方米防治。

②病毒病。定植缓苗后7～10天用药防治1次，及时防治蚜虫，病毒A500倍、植病灵1 000倍、农角链霉素、高锰酸钾1 000倍交替轮换使用，同时可加1 000倍硫酸锌。

③疫病。定植前用25%瑞毒霉或甲双灵锰锌800倍灌根1次；定植后用克露600倍液70%代森锰锌600倍，或百菌清500倍，喷雾防治，结合浇水用98%是硫酸铜灌根，用2～3千克/亩，7～10天用药1次，连续用药3～4次。

④脐腐病。初花期用0.5%氯化钙100倍液加萘乙酸15天喷1次；或喷绿芬威3号1 000倍2～3次，15天喷1次。

（2）虫害防治：

①蚜虫。黄板诱杀或用防虫网，20%吡虫啉1 000倍，10天1次，连喷3次。

②棉铃虫。

生物、物理防治　盛卵期释放赤眼蜂、草蛉、瓢虫等，或杨柳枝、黑光灯诱杀成虫。杀螟杆菌100亿/克或青虹菌48亿/克500倍喷雾。

化学防治　天王星溴氰菊酯2 000倍喷雾，或辛硫磷1 000倍加高效氯氰菊酯1 000倍，以上3种交替轮换使用，在卵乳化高峰用药，3天1次，共喷3次。

③白粉虱。黄板诱杀或用防虫网，也可用25%扑虱灵1 000倍或25%来灭螨锰1 000倍，交替使用，7天1次，连用3次。

（六）收获

质量应符合GB 18406.1的规定，采收过程中所用工具要清洁、卫生、无污染。

二、存在问题

1. 土地流转困难 由于设施农业流转土地面积大、任务重，农民在第二轮土地承包合同期内，部分农民不愿置换土地；土地流转金收取困难。

2. 资金筹措难 银行贷款的落实存在一定难度，目前小额贷款落实的只有南郊区信用社一家，而且有的乡（镇）信用社按每户5万元能贷，有的乡（镇）按每户3万元能贷，有的乡（镇）还落实不了。贷款和资金不能及时落实到农户和承包户，直接影响了建设进度。

3. 协调难 由于设施农业是一项宏大的系统工程，需要各乡（镇）、各部门齐心协力，通力合作，工程涉及有土地、规划、交通、公路、水利、开发、电力、经管、银行等多家参与，由于不能环环相扣，影响了工作的进展。

三、发展对策

1. 利用秋冬农闲时间继续流转土地 首先，要把先期流转土地的流转金收回来，并交到农民的手中；其次，要保证大棚建设用地。

2. 抓落实 要把建成温室落实到农户，并在今冬明春投入使用，绝不能闲置。

3. 培训 各乡（镇）要搞好实施农业生产的技术培训工作，通过集中办培训班，印发技术材料和实地授课等多种形式对农民进行培训，以便建好的温室尽快投入生产。区农业委员会责成一名副局长带队深入到20个村，逐一培训农民。

4. 增施有机肥、磷肥 有机肥料是养分最齐全的天然肥料。南郊区设施蔬菜主产区的土壤，增施有机肥可增加土壤团粒结构，改善土壤的通气透水性及保水、保肥、供肥性能，增强土壤微生物活动；磷肥可改善土壤结构，促进根系生长，为设施蔬菜的生长提供良好的土壤环境。施肥时要求深翻入土，使肥土混合均匀，且有机肥应充分腐熟高温发酵，以达到设施蔬菜标准化、无害化生产的需求。

5. 合理配施有机无机化肥 无机化肥是设施蔬菜吸收养分的主要速效肥源，无机肥料与有机肥料配合施用，不但可以获得较高的设施蔬菜产量，也可起到加速土壤熟化的培肥作用，有机与无机肥之比不应低于1∶1，因土施肥。

6. 科学施用微肥 由于微量元素肥料对改善农产品品质有着不可替代的作用，因此，在设施蔬菜生产中要适时追施适量微肥，以达到高产、优质的目的。

7. 施肥方法要适当 施肥方法要适当，菜地不能把化肥撒施在表土，要提倡深施、沟施，施后覆土。

第九节 马铃薯标准化生产的对策

马铃薯是南郊区的特色作物，有300多年的种植历史。其产品个头匀称，出粉率高，病害少，品质好；南郊区马铃薯具有生育期短，抗逆性强，种植效益好的特点，多年来一直是高山、云冈等乡（镇）最适宜种植的高产、稳产作物。全区9个乡（镇）都有种植马铃薯的习惯。全区马铃薯常年播种面积一直稳定在2万亩左右，马铃薯年产量在0.25亿千克左右。据粗略估计，马铃薯的用途大致是粮用、饲用占30%，种用10%，销售40%，加工20%。一般亩收入约800元，占山区农民人均纯收入的11.8%左右。马铃薯产业已成为薯区农民脱贫致富的经济来源，在全区的农业结构调整、全面建设小康社会和实现农业产业化中具有重要作用。

一、马铃薯主产区耕地质量现状

从本次调查结果显示，马铃薯主产区的土壤理化性状为：平均值有机质为22克/千克、全氮0.76克/千克、有效磷23毫克/千克、速效钾114毫克/千克。

二、马铃薯标准化生产栽培技术

1. 土壤肥力及需肥特性 据测试，有机质和全氮的平均水平在中等肥力水平，而有效磷的平均水平较低，大部分处于低肥力状况，远不能满足作物的需求；而速效钾平均水平较高，部分田块出现富钾状况。南郊区土壤肥力的特点是少氮，缺磷，钾丰富。而生产1 000千克马铃薯需纯氮5千克、纯磷2千克、纯钾10.6千克，即马铃薯是喜钾、需氮、磷较多的作物，氮、磷、钾3者的需求比例是2.5∶1∶5.0；而磷肥对马铃薯的生长发育和产量的形成有重要作用，又具有促进根系生长和增强抗旱的作用；同时磷肥当年利用率低，仅15%左右，移动性小，又容易被土壤中富含的钙质所固定为难溶性的磷。所以在施肥时一定要把握缺什么补什么，缺多少补多少，有机无机结合，氮、磷配合，施足氮肥，重施磷肥，高产田和重茬地补施钾肥，适当补充中、微量元素肥料，以基肥为主、追肥为辅的原则。

2. 产地环境 要选择地势高燥、排灌方便、地下水位较低、土层深厚疏松的壤土或沙壤土的地块。

3. 生产技术管理

（1）品种选择：选用脱毒1～2级良种，要求品种高产、稳产、薯型椭圆形、芽眼浅，如晋薯14号。

（2）种薯处理及催芽：时间为4月上旬。在剔除烂薯、病薯、弱薯的同时用10%高锰酸钾溶液杀菌，连续晒3～5天，进行切块。切块时充分利用顶端优势，螺旋式向顶端斜切，每块种薯要有1～2个芽眼。每次切完1个种薯后，切刀要用75%酒精消毒。

（3）精耕细耙，施足基肥：

①施足底肥。亩施腐熟优质有机肥5 000千克以上，或工厂化有机肥200千克。生产

中不应使用城市垃圾、污泥、工业废渣和未经无害化处理的有机肥。

②整地。将肥料撒施均匀后，进行深耕 25～30 厘米，然后耙细、耙匀，要求土壤上松下实。

（4）播种：播种时间为 4 月中下旬。双行起垄栽培，小行距 20 厘米，大行距 75～80 厘米，株距 20～25 厘米；单行起垄栽培，行距 60～65 厘米，株距 20～25 厘米。开沟深 8～10 厘米，宽 2 厘米，播种，穴施种肥，覆土（垄高 15～20 厘米），搂平，覆地膜。可用生物农药防治地下害虫。

（5）田间管理：根据天气情况和土壤墒情，一般于出苗后、团果期、封顶后各浇 1 次水。浇水不可大水漫灌，浇至垄高 1/3～1/2 为好。结薯期应以水攻薯。收获前 7 天停止浇水。适当追肥：在马铃薯膨大期每亩使用沼液叶面喷雾，间隔 7～10 天，连喷 2～3 次。

（6）适时收获：9 月中下旬即可收获，具体时间视实际情况而定。收获时轻拿、轻放，防止碰伤，消毒包装后储存或销售。

4. 病虫害防治

（1）主要病虫害：晚疫病、病毒病、蚜虫、地下虫（蛴螬、地老虎）。

（2）防治原则：按照“预防为主、综合防治”的植保方针，坚持“农业防治、物理防治、生物防治为主，化学防治为辅”的无害化治理原则。

（3）农业防治：选用抗病品种；创造适宜的环境条件，培育适龄壮苗，提高抗逆性；控制好温度和湿度，避免低温和高温障害；严防积水，清洁田间，做到有利于植株生长发育，避免侵染性病害发生；耕作改制要实行严格轮作制度；测土平衡施肥，增施充分腐熟的有机肥，少施化肥，防止土壤富营养化。

（4）物理防治：运用黄板诱杀蚜虫，或覆盖银灰色地膜驱避蚜虫。

（5）生物防治：积极保护利用天敌，防治病虫害，使用生物药剂防治病虫害。

（6）化学防治：蚜虫：用辣椒等植物浸出液防治；地下害虫：将苦参根茎切碎、晒干、磨粉，每亩用 2.5 千克撒施。

（7）合理施药：严格控制生物农药安全间隔期，禁止使用有机食品生产中禁止使用的农药。

三、存在问题

投入不足，施肥水平低，肥料配比不合理是制约南郊区马铃薯增产的主要因素：一是施肥量不足；二是重氮轻磷不施钾，肥料配比不合理，不是按需供肥；三是轻视有机肥，有些地块多年来只施化肥，不施有机肥，造成严重的土壤板结，土壤结构破坏，严重的制约作物的增产和品质的改善。

四、发展对策

1. 施用基肥　南郊区主产区大多为自然生态农业，干旱少雨，灌溉条件差，肥料利用率低，要获取较高产量就必须加大底肥施入量，以保证整个植株生长期内充足的平衡养分供给。基肥多用有机肥或有机肥混合化肥，一般中等肥力地块亩产1 500千克马铃薯，应施农家肥1 500千克/亩、尿素 20～30 千克/亩、过磷酸钙 50 千克/亩、硫酸钾 8～10 千克/亩。南郊区主要是栗钙土性土土壤，应适当补充镁、锌等中微量元素。根据马铃薯的需肥规律，氮肥的 2/3 作基肥和种肥，剩余部分作追肥使用；磷肥全部作基肥施用，钾肥全部或 1/3～1/2 作基肥使用。农家肥结合耕翻整地使用，与耕层充分混匀。化肥做种肥施用比作追肥增产效果显著，播种时将化肥开沟施用，并与土壤混匀，避免直接接触种薯而影响发芽。对于中微量元素等应进行浸种或叶面喷施。

2. 增施有机肥　有机肥的营养成分比较完全，能显著改善农产品品质，有机肥在土壤中分解时会产生大量的二氧化碳，增加其在田间的浓度，供给植株进行光合作用。有机肥与化肥配合施用，是测土配方施肥的基本原则，可以提高作物产量的品质，增加维生素含量，同时可提高有机肥和化肥的利用率，防止和减少亚硝基类化合物产生，还可消除或减轻农业废弃物对生态环境污染，促进农业可持续发展。施肥时一定要避免施用未腐熟的牲畜粪便，因其在土壤中进行腐熟时会产生一定热量，而烧伤幼根，并且会招惹蛴螬等趋肥性强的地下害虫，危害幼苗，造成缺苗断垄。

3. 选用化肥　合理使用氮肥。尿素、碳酸氢铵等肥料吸湿性强，易烧伤种苗，不宜作种肥施用；在雨水偏少的干旱地区，硝态氮肥移动性强，肥效快，易被作物吸收，不易淋失，是旱地良好的追肥，而在多雨地区或降雨季节，以施用铵态氮肥和尿素较好。氮肥与有机肥、磷、钾配合施用可促进营养元素的利用效果，特别是在肥力比较低的土壤上肥效更明显，对取得高产、稳产、降低成本有重要作用。在旱地上施用氮肥以种肥优于追肥，水地在现蕾前深施氮肥比种肥增产明显。磷元素在土壤中移动性小，容易被固定，科学施用磷肥是提高肥效的重要保证。普通过磷酸钙等水溶性磷肥适合各种土壤和各种作物，硝酸磷肥最适宜于旱地施用，磷肥的施用效果与土壤含水量及温度有直接关系。马铃薯是需钾较多的作物。种植马铃薯的土壤多为沙质，往往速效钾含量较低，所以增施钾肥、正确施用钾肥对提高马铃薯产量和品质有重要作用。一般土壤速效钾低于 80 毫克/千克时，增施钾肥增产效果很明显；土壤速效钾在 120 毫克/千克左右时，暂不施钾。不同钾肥对马铃薯均有增产作用，但钾肥品种间的增产作用存在显著差异，其增产顺序依次为硝酸钾＞硫酸钾＞生物钾肥＞磷酸二氢钾＞氯化钾。钾肥少时以基肥深施为好，用量大时，可将一半用于现蕾初期作追肥，能显著增加产量。在旱地上作基肥施用，注意深施覆土，以防固定，提高根系吸收利用率；在沙性土壤上宜作为追肥进行条施或穴施，以免淋失。也可作为种肥或用 2%～3%的溶液进行根外追肥。

4. 依据配方，科学施肥　肥料配方设计是测土配方施肥工作的核心和关键，以土壤测试为依据，根据多年多点肥效试验，校正试验和大面积示范结果不断修正完善运用于不同类型区域的肥料配方设计。以土壤测试和肥料田间试验为依据，以土定产，以产定肥，以肥促产，根据马铃薯的需肥规律，进行科学施肥。

图书在版编目（CIP）数据

大同市南郊区耕地地力评价与利用/石河主编．—北京：中国农业出版社，2020.5
ISBN 978-7-109-26450-2

Ⅰ．①大… Ⅱ．①石… Ⅲ．①耕作土壤—土壤肥力—土壤调查—大同②耕作土壤—土壤评价—大同 Ⅳ．①S159.225.4②S158

中国版本图书馆 CIP 数据核字（2020）第 020141 号

大同市南郊区耕地地力评价与利用
DATONG SHINANJIAOQU GENGDI DILI PINGJIA YU LIYONG

中国农业出版社出版
地址：北京市朝阳区麦子店街 18 号楼
邮编：100125
责任编辑：杨桂华　廖　宁
版式设计：韩小丽　　责任校对：沙凯霖
印刷：中农印务有限公司
版次：2020 年 5 月第 1 版
印次：2020 年 5 月北京第 1 次印刷
发行：新华书店北京发行所
开本：787mm×1092mm　1/16
印张：9.5　　插页：1
字数：230 千字
定价：80.00 元